U0339306

后浪

美肌成分事典

成分护肤

かずのすけ
西一总
白野実
白野实
著

浙江科学技术出版社

著作权合同登记号　图字：11-2022-173

图书在版编目（CIP）数据

成分护肤 /（日）西一总，（日）白野实著；董纾含译. -- 杭州：浙江科学技术出版社，2023.3
ISBN 978-7-5739-0268-9

Ⅰ. ①成… Ⅱ. ①西… ②白… ③董… Ⅲ. ①化妆品—化学成分—普及读物 Ⅳ. ① TQ658-49

中国版本图书馆 CIP 数据核字 (2022) 第 165511 号

书　名　成分护肤
著　者　［日］西一总　［日］白野实
译　者　董纾含

出版发行　**浙江科学技术出版社**
杭州市体育场路 347 号　邮政编码：310006
办公室电话：0571-85176593　销售部电话：0571-85176040
网址：www.zkpress.com　E-mail：zkpress@zkpress.com
印　刷　河北中科印刷科技发展有限公司

开　本　880mm×1230mm　1/32　印　张　7.75
字　数　260 千字
版　次　2023 年 3 月第 1 版　印　次　2023 年 3 月第 1 次印刷
书　号　ISBN 978-7-5739-0268-9　定　价　49.80 元

出版统筹　吴兴元　编辑统筹　王　頔
特邀编辑　李雪梅　封面设计　墨白空间·黄怡桢
责任编辑　卢晓梅　责任校对　赵　艳
责任美编　金　晖　责任印务　叶文炀
漫画、插画　黑丸恭介　皮肤图片制作　白野实
摄　影　伊藤胜巳

后浪出版咨询(北京)有限责任公司　版权所有，侵权必究
投诉邮箱：copyright@hinabook.com　fawu@hinabook.com

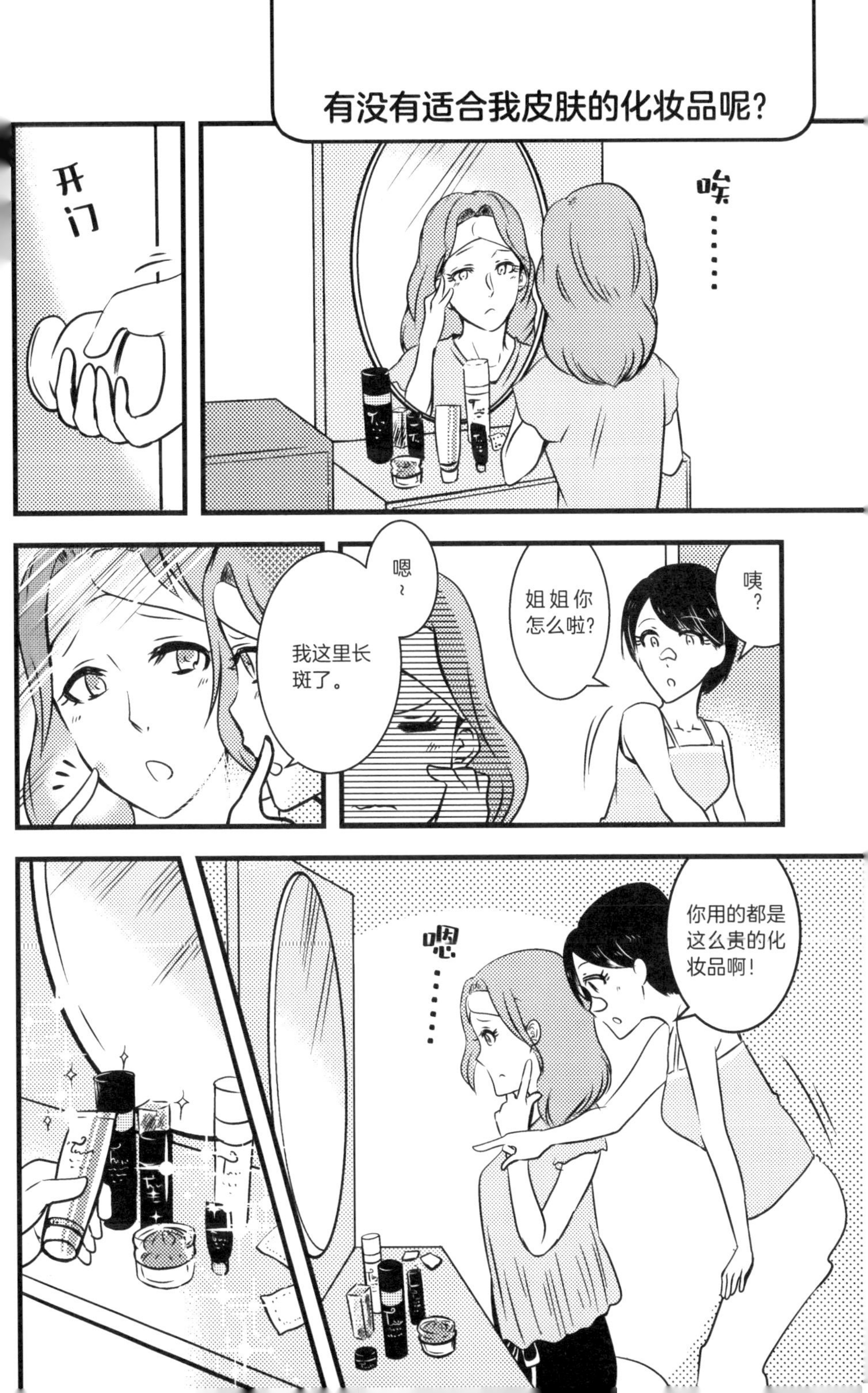
有没有适合我皮肤的化妆品呢？
开门
唉……
姐姐你怎么啦？
咦？
嗯～
我这里长斑了。
你用的都是这么贵的化妆品啊！
嗯……

可是最近我的皮肤好干啊！
我还是去做过肤质测试才买的呢。

这么说来，
我的黑头也完全去不掉呢。

我们用的化妆品，
真的适合我们的皮肤吗？
唔……

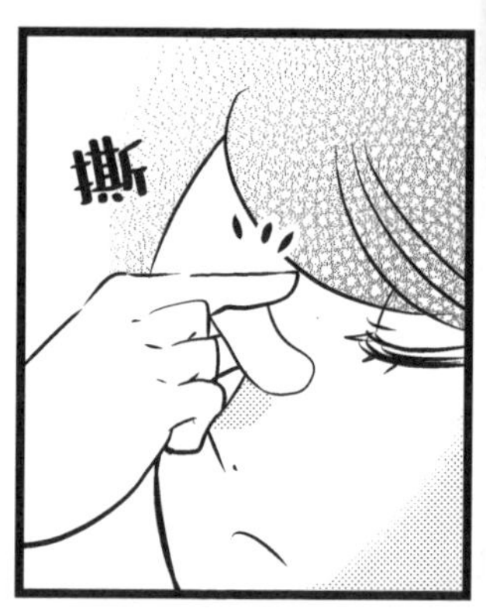
撕

谁来告诉我们啊！

让我们来回答这些问题吧！

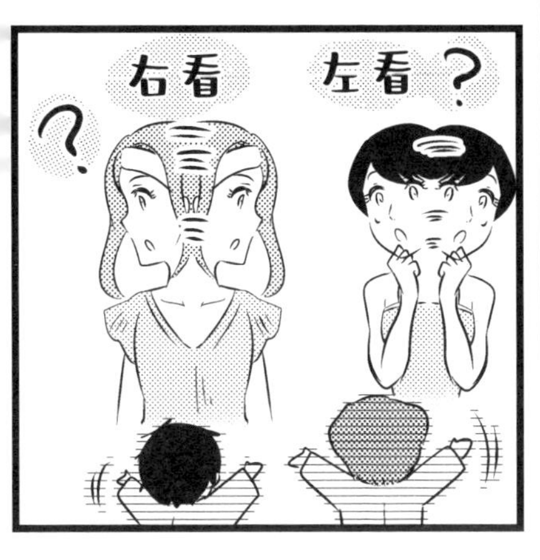
左看
右看

嘿
!!

两位的烦恼，
请交给我们来解决！
如果了解了化妆品的成分，
两位的皮肤一定会变得更好。

愣住

前言

非常感谢您购买本书。我是美容化学研究者西一总。

这本《成分护肤》是应出版方和读者的需求而出版的。虽然我阅读过一些资料和文献，但并不是从原料开始接触化妆品成分的。因此，我曾以“目前的能力无法胜任”的理由婉拒了编写这样一本书的邀请。而且，如今在化妆品中使用的有效成分已超过了1400种，想把它们都总结到一本书中是绝对不可能的。同样，围绕化妆品中的主要成分去编写一本真正有意义的书，只靠我一个人的能力是无法做到的。

于是，我请求化妆品配方专家白野实全面协助。白野实从事化妆品配方及安全性评价的工作已有数十年，可以称得上是专家中的专家。我们二人花费两年时间，终于共同完成了这本书。希望这本书能为您提供更多知识，在挑选化妆品时助您一臂之力！

西一总

感谢您阅读本书。我是白野实。

虽然每个人翻开这本书的原因各有不同，但我想，其中应该有不少读者有着“相关信息实在太多了，根本不知道哪些是对的”或“就算写清了包含什么成分，但是搞不清楚这些成分都有什么用”等苦恼。回头看看，我发现自从化妆品开始公开配方后，消费者接收到的信息的“量”一路猛增，“质”却在下降。我们反而越来越难以找到一款适合自己的化妆品了。

就在这时，西一总先生联系上我，问我是否有意愿共同完成这本书。能获得如此宝贵的机会，我十分感激！与此同时，我也带着“尽量方便读者理解”的信念，以及“努力让大家爱上这本书”的使命感，完成了这本合著（最终花费了长达两年的时间）。

希望大家在读过这本书后能够开开心心地选择化妆品，也真心希望这本书能成为让您摆脱“化妆品难民”称号的好帮手！

白野实

目录

如何解读化妆品的成分表

化妆品的基础知识①
~ 化妆品的成分构成 ~

化妆品的基础知识②
~ 基础成分的特性及选择方法 ~

第四章 皮肤的结构

第五章 针对皮肤的烦恼和问题，选择化妆品成分的方法

化妆品的分类
~ 化妆品、药用化妆品的功能和作用 ~

本书构成 / 阅读方法 / 使用方法

本书由以下内容组成。您无须从头到尾全部阅读，只要从自己关心的部分、感兴趣的部分着手，加深相关知识，就能获得完美肌肤！

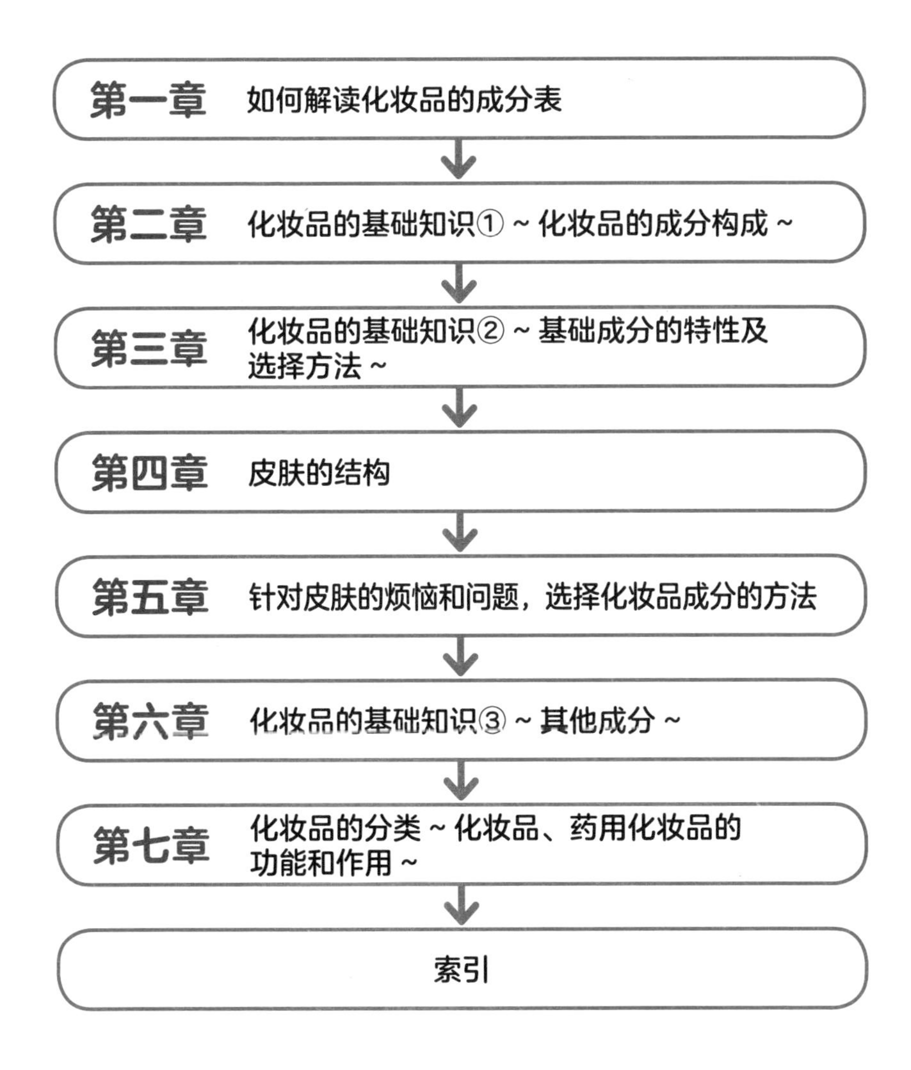

第一章　如何解读化妆品的成分表
第二章　化妆品的基础知识① ~ 化妆品的成分构成 ~
第三章　化妆品的基础知识② ~ 基础成分的特性及选择方法 ~
第四章　皮肤的结构
第五章　针对皮肤的烦恼和问题，选择化妆品成分的方法
第六章　化妆品的基础知识③ ~ 其他成分 ~
第七章　化妆品的分类 ~ 化妆品、药用化妆品的功能和作用 ~
索引

想知道哪些化妆品可以解决皮肤问题

想知道应该如何挑选化妆品来解决皮肤问题的读者，可以针对自己的皮肤问题在下列索引处找出对应页阅读，了解造成该问题的原因，以及有效的化妆品成分。

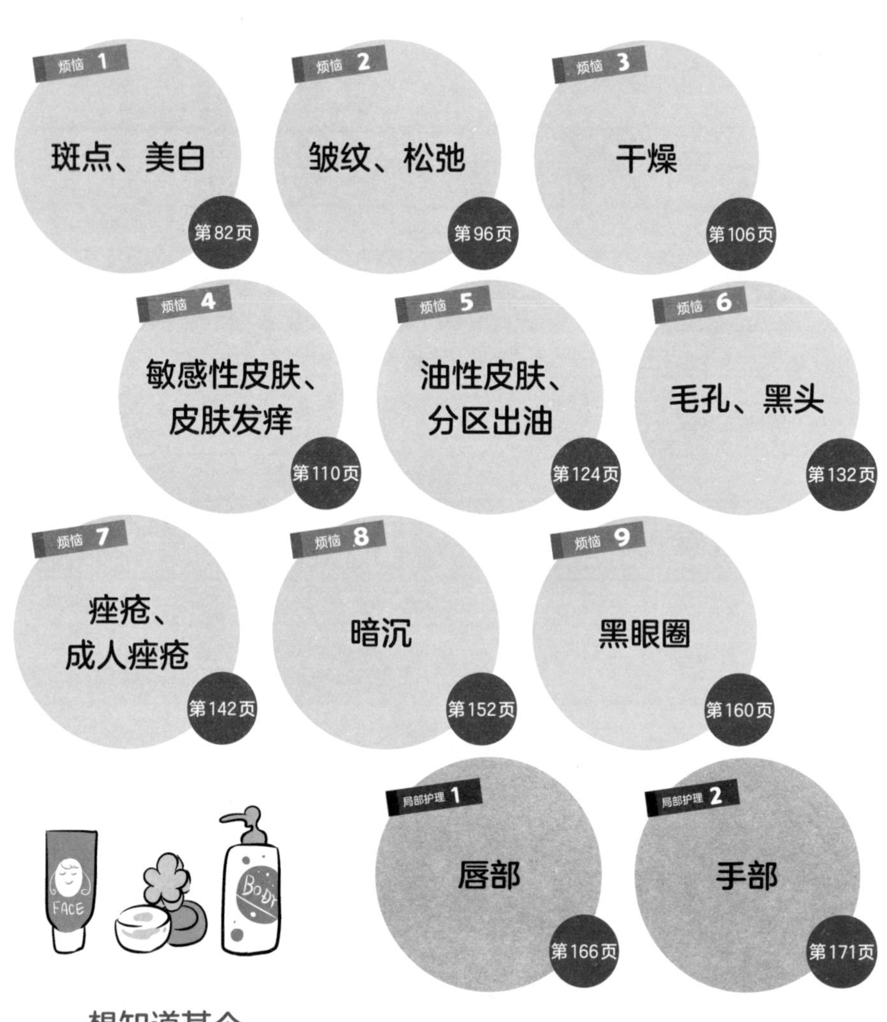

想知道某个具体的化妆品成分

想了解自己正在使用的化妆品中某些具体成分的读者，可以翻阅书后的“索引”（第224～233页）。

注意事项

- 本书的内容是以编写时（2019 年 9 月）的最新信息为依据。
- 本书以西一总和白野实的经验及知识为基础，以尊重二人观点为前提编纂而成，书中也会出现二位老师意见不统一的情况。不同读者的皮肤状况也各不相同，所以希望大家能根据自己的肤质，判断应该采用哪一位老师的意见。
- 本书介绍及推荐的护理方法及成分，并不能完全保证其使用效果及安全性。当使用一些护理方法及成分，皮肤出现异常反应时，请立即停止使用，咨询医生。
- 本书将“角质”和“角质层”统一称为“角质”。
- 关于植物精华等天然成分，即便是同一种植物，因产地、萃取方法不同，其作用和效果也会有所不同。本书原则上不会将植物精华作为推荐成分介绍。（参见第 189 页）
- 在第五章中提到了医药部外品①的“医”标识，如果产品包装上出现此标识，就意味着该产品不仅是单纯的医药部外品，它还对皮肤的各类问题有相应的作用。

  例如：虽然视黄醇棕榈酸酯属于医药部外品的有效成分，但无法明确将这种成分标识为具有“改善皱纹”的功能，因此在“针对皱纹、松弛有效的 7 类成分”这一部分（见第 101 页），视黄醇棕榈酸酯前不会标出“医”标识。
- 在日本，医药部外品中能够起到化妆品效果的一部分产品被称为“药用化妆品”。在中国，国家药品监督管理局明确指出，化妆品宣称“药妆”“医学护肤品”“药妆品”属于违法行为。因本书引进日本版权，书中出现“药用化妆品”不可避免，故出版时保留了原书中“药用化妆品”的说法，特此说明。
- 本书漫画部分的阅读顺序为由右至左。

① 指添加了日本厚生劳动省许可的功效成分，以一定的浓度配合在一起的化妆品。

出场人物介绍

化妆品配方专家

白野实

长年致力于化妆品开发及品质保障工作，目前负责化妆品开发及处方技术咨询，同时积极演讲，并作为讲师在全国范围内展开广泛活动。铁道迷。

美容化学研究者

西一总

毕业于日本横滨国立大学大学院。他所开设的博客主要从化妆品的成分分析和化学的角度去讲解美容，每月访问量约 500 万人次，推特也有超 5 万人关注。自幼有过敏症状。喜欢猫咪和咖啡。

美肌家长女

润

对最近皮肤突然出现的皱纹及暗沉感到烦恼的 40 岁女性。使用的化妆品比别人多得多，并且专爱用名牌产品。虽然皮肤干燥，但是皮脂分泌却很旺盛。

美肌家次女

瑞

对化妆品没什么兴趣的 30 岁女性。从念书时起到现在始终保持最低限度的皮肤护理。对自己的草莓鼻很烦恼。

第一章

如何解读化妆品的成分表

化妆品的容器或包装上会用小字写明成分。

化妆品的成分大多很难懂——想必很多人都是这样认为的吧。在日本，化妆品按《关于确保医药品、医疗器械等的品质、有效性及安全性的法律》（以下简称《药机法》），分为“（一般）化妆品”及“药用化妆品”（医药部外品）两种。它们分别有着不同的标识规则，这反而更容易让人感到混乱。本章将教您解读化妆品成分表的基本规则，介绍读懂它们的秘诀和关键。

如何阅读化妆品包装

\ 化妆品包装上写了这些内容！ /

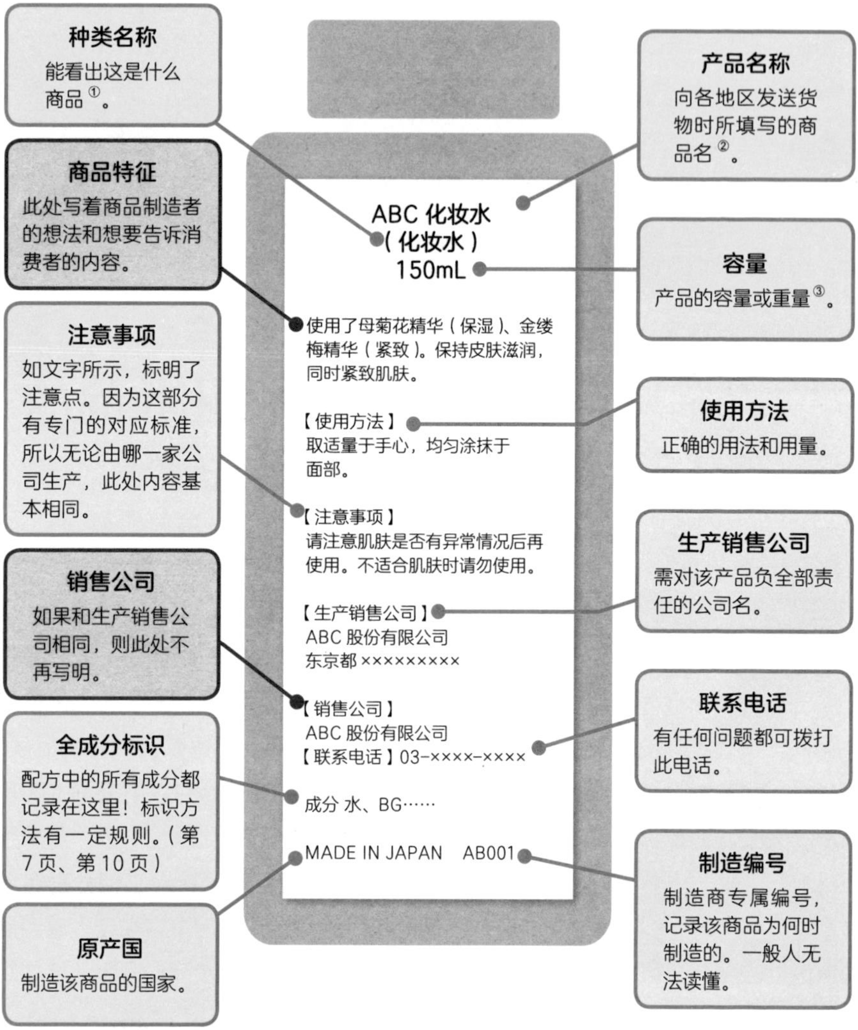

种类名称
能看出这是什么商品[①]。

商品特征
此处写着商品制造者的想法和想要告诉消费者的内容。

注意事项
如文字所示，标明了注意点。因为这部分有专门的对应标准，所以无论由哪一家公司生产，此处内容基本相同。

销售公司
如果和生产销售公司相同，则此处不再写明。

全成分标识
配方中的所有成分都记录在这里！标识方法有一定规则。（第7页、第10页）

原产国
制造该商品的国家。

ABC 化妆水
（化妆水）
150mL

使用了母菊花精华（保湿）、金缕梅精华（紧致）。保持皮肤滋润，同时紧致肌肤。

【使用方法】
取适量于手心，均匀涂抹于面部。

【注意事项】
请注意肌肤是否有异常情况后再使用。不适合肌肤时请勿使用。

【生产销售公司】
ABC 股份有限公司
东京都 ×××××××××

【销售公司】
ABC 股份有限公司
【联系电话】03-××××-××××

成分 水、BG……

MADE IN JAPAN AB001

产品名称
向各地区发送货物时所填写的商品名[②]。

容量
产品的容量或重量[③]。

使用方法
正确的用法和用量。

生产销售公司
需对该产品负全部责任的公司名。

联系电话
有任何问题都可拨打此电话。

制造编号
制造商专属编号，记录该商品为何时制造的。一般人无法读懂。

（浅色框）法律要求必须标注的内容

（深色框）法律不强制要求，可随意标注的内容

① 如果能够从商品名中直接判断种类，则此处可以省略。
② 有时还会出现同时标出两个商品名的情况（一个是发货时填写的商品名，一个是制造公司的通用名称）。
③ 小容量容器可省略此处。

根据日本《药机法》[①]，除药用化妆品之外的所有化妆品，都有义务标明产品所含的全部成分。我们可以在容器及包装上，了解到一款化妆品都是由哪些成分构成的。

化妆品成分标识的基本规则

规则1 成分按照含量从高到低的顺序，全部标明。

规则2 成分浓度均低于 1% 时，各成分可按任意顺序排列。

规则3 着色剂可不按配比量的多少排序，均统一在成分表末尾标识。

规则4 当成分中包含香精时，不必逐个标明香精名称，只需统一写作“香精”即可。

规则5 残留成分[②]无须记载。

化妆品成分标识范例

此处为 1% 的分界　植物精华及大部分美容成分的含量均在总含量的 1% 以下

水、BG、甘油、透明质酸钠、薏苡仁精华、乙醇、PPG-10 甲基葡糖醚、琥珀酸二钠、羟乙基纤维素、琥珀酸、羟苯甲酯、香精、着色剂

- 1% 以下的成分，并不一定按照含量进行降序排列。
- 在上面的成分表中，按照成分含量的多到少排列的，仅有水、BG、甘油这 3 种。

① 也叫《药事法》，是日本关于化妆品、医药品、医药部外品、医疗器械、再生医疗产品的法律。正式名称起源于 1960 年，2014 年管控范围扩展到医疗器械相关，全称为《关于确保医药品、医疗器械等的品质、有效性及安全性的法律》，故又简称《药机法》。——编者注

② 指不需要在成分表中必须标明的成分。（参见第 15 页）

阅读化妆品成分的诀窍

先找到低于 1% 的分割线

正如基本规则中的 1 和 2 所示，化妆品中的成分会按照含量从高到低的顺序标明，而当成分浓度均低于 1% 时，各成分可按任意顺序排列。也就是说，找出能够决定一款化妆品性质的 1% 的分割线，是非常重要的。当以下的任意一类词汇第一次出现时（当然也有例外情况），就是发现分界的关键。

- 植物提取物（植物的名字 + 提取物组成的一个词）。
- 功能性成分（甘草酸二钾等抗炎成分，透明质酸、胶原蛋白、神经酰胺等含量较少但有一定效果的保湿剂）。
- 增稠剂（黄原胶、卡波姆等）或抗氧化剂（生育酚、抗坏血酸）、防腐剂（对羟基苯甲酸甲酯等）等保证商品质量稳定的成分。
- 香精或精油。

注意那些超过 1% 的成分

如果分辨不出区别 1% 的那条线，就先关注全成分表中的第一行和第二行吧。写在这里的成分含量很高，而且是组成一款产品的“主要结构”。写在最前面的几种成分中会含有一些重要提示，帮助我们识别这款商品是否适合自己的肤质。此外，这个主要的构成中，大多分为“水性成分（第 40 页）”“油性成分（第 45 页）”“表面活性剂（第 52 页）”这几类。注意点有以下几项：

- 注意观察其中是否含有较刺激的、不适合自己肌肤的成分。
- 关注水性成分的使用感受、油性成分的性状，这样能够帮助我们推测出实际的触感。

例如：水性成分中的甘油较多——滋润。

油性成分中所含固体及半固体较多——厚重。

- 在需要用水冲洗的洗面类产品中，我们应该首先关注表面活性剂的成分。

例如：皂基——清洁能力很强，可以清洗得十分干净。

氨基酸——清洁力较稳定，对皮肤较温和。

1% 以下各成分的解读法

“只看成分无法了解化妆品”的原因就在这里！

1% 以下成分的解读要点有两个。

- 成分的含量不足 1%，却也能发挥功效，这一点要注意！
- 如果主要成分为乙醇类，则容易对敏感类型肌肤造成刺激，如果只含有微量的、不足 1% 的乙醇，那么基本上不会产生刺激。但是，倘若一款化妆品中出现了曾经导致过敏的成分，那么即便这一成分在该化妆品中不足 1%，也要谨慎使用。

请注意，“着色剂”即便高达 20%，也依然会被写在最后

标识着色剂（第 190 页）时，商家无须按照含量多少判断顺序，可直接将其放在成分表末尾。普通着色剂（焦油类着色剂）等一般不会出现高浓度配比的情况，但在紫外线屏蔽剂（第193页）中，即便二氧化钛或氧化锌含量超过 10%，也会统一写作“白色颜料”，放在成分表的最后。因此，绝对不要认为它们列在最后，就是含量最小。

是否掌握化妆品
成分的标识规则，
在了解化妆品时
会形成巨大差异！
请大家一定要
掌握这个规则！

在日本，被归为医药部外品的“药用化妆品”没有公开全部成分的规定，大多数药用化妆品都按照行业各团体自有的标准记载成分。在这种情况下，一款药用化妆品会首先标明有效成分，接下来再写清其他各成分，其中排列顺序和成分含量无关，各制造商可自主决定。

日本药用化妆品成分标识的基本规则

规则 1 药用化妆品（医药部外品）没有公开全部成分的规定。

规则 2 即便有旧版《指定标识成分》表（第 16 页）中提到的成分的残留，也必须明确记载。

规则 3 按日本化妆品工业联合会的自主准则，“有效成分”和“其他成分”原则上须分开标识。

规则 4 当成分中包含香精时，不必逐一标明香精名称，只需统一写作“香精”即可。

医药部外品的成分表案例

注意这些有效成分！

（例如）L-抗坏血酸、2-葡糖苷※、生育酚乙酸酯※、精制水、浓缩甘油、1,3-丁二醇、甲基葡糖醇聚醚-20、水溶性生姜精华（K）、蓝桉提取物、脒基脯氨酸、透明质酸钠-2、甜菜碱、出芽短梗孢糖、黄原胶、磷酸氢二钠、氢氧化钾、无水乙醇、乙醇、苯氧乙醇、乙二胺四乙酸、香精

标※为“有效成分”；无※为“其他成分”

有些情况下，此处成分名称会和化妆品不同。

和化妆品的标识方法不同，有时这一部分的顺序并不按照成分含量降序排列。

- 药用化妆品中的成分表有时完全是随机标识的。
- 有些药用化妆品既不会标明有效成分，也不会标明所含有的其他成分。

阅读药用化妆品成分的诀窍

最重要的是“有效成分”

在日本，药用化妆品属于医药部外品的一部分，是“所含有效成分得到日本厚生劳动省认可的化妆品”。也就是说，药用化妆品中的“有效成分”是最重要的。和一般化妆品不同，在药用化妆品成分表中，标在第一位的成分不一定是含量最高的成分，请大家务必注意。在阅读医药部外品的成分表时，应同时关注有效成分及另做标识的商品效果这两方面，从而确认其中各成分会起到怎样的效果。

将“其他成分”当作参考即可

“其他成分”这一栏能够告诉我们一款化妆品中都含有哪些成分，我们也能由此判断这款商品是否含有不适合自己皮肤的成分。但是，药用化妆品中的“其他成分”一栏并不会像一般化妆品那样，按照配比多少的顺序排列，它的排列顺序是由制造商自行决定的[①]，所以我们很难依靠“其他成分”来推测一款药用化妆品的使用感受。

请注意！可能会与化妆品区别使用成分名称

药用化妆品有时会与化妆品区别使用成分名称。例如前文成分表中的1,3-丁二醇，在化妆品成分表中会写成“BG[②]”，这一点需要大家多多留意。（用不同名称标识的成分，请参考第12页的示例。）

① 如，以提交的申请书上所记录的顺序为依据。
② 在中国，标识化妆品成分需写全称。

明明是同一种成分，为什么在化妆品和医药部外品中会标识不同的名称呢？

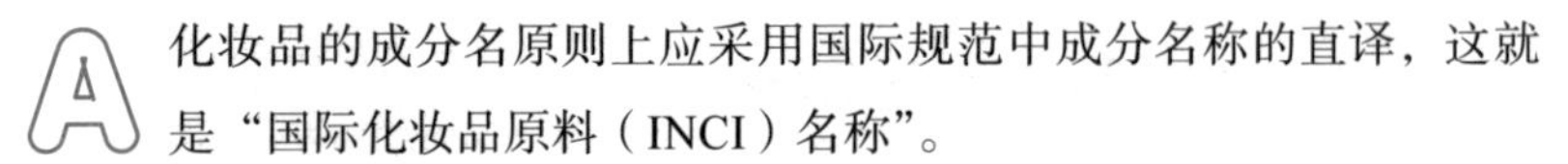

化妆品的成分名原则上应采用国际规范中成分名称的直译，这就是“国际化妆品原料（INCI）名称”。

而医药部外品的名称标识，参照的则是日本国内的《医药部外品原料规格》所收录的成分名称，以及各制造商提交申请时上报的成分名称。因为它们是分别命名的，所以同一种成分会有不同的名称。

化妆品的成分名

参照日本化妆品业界的组织——日本化妆品工业联合会（简称妆工联）所制定的“化妆品成分标识名称列表”来标识所用成分名。

医药部外品的成分名

参照《医药部外品原料规格》所收录的成分名称，以及提交并获得日本认可的申请书上所记录的成分名称，来标识所用成分名。

这导致二者会使用不同的名称来标识同一种成分，令人很难分辨！

具有不同名称的成分示例：

化妆品	医药部外品
BG	1,3-丁二醇
DPG	双丙甘醇
PEG-40	聚乙二醇
PEG-30 氢化蓖麻油、PEG-60 氢化蓖麻油等	聚氧乙烯蓖麻油
月桂醇聚醚硫酸酯钠	脂肪醇聚氧乙烯醚硫酸钠
羟苯甲酯、羟苯乙酯	对羟基苯甲酸甲酯
乙二胺四乙酸二钠、乙二胺四乙酸四钠	乙二胺四乙酸
生育酚	维生素 E、DL-α 生育酚、D-δ 生育酚等
水	精制水

什么是 INCI 名称?

A INCI 名称，是美国个人护理产品理事会（Personal Care Products Council，简称 PCPC）的国际化妆品成分命名委员会根据化妆品原料国际命名法而确定的。原则上讲，日本的化妆品成分名称也需依照 INCI 名称标识，尤其是一些源自植物的成分，常会依据其学名再命名。也正因为这些原因，INCI 名称很难被一般人熟悉，其中很多名称都十分难记。

例如，近些年被誉为“有显著美肌功效的奇迹之油”的摩洛哥坚果油，其实是从主产地为摩洛哥的刺阿干树种子中提取的一种油。它的 INCI 名称为“Argania Spinosa Kernel Oil”，即“刺阿干树仁油”。

此外，还有

Salvia Hispanica Seed Oil

⇨ **西班牙鼠尾草籽油**

Passiflora Edulis Fruit Extract

⇨ **鸡蛋果提取物**

Aspalathus Linearis Leaf Extract

⇨ **线状阿司巴拉妥叶提取物**

Rosa Canina Fruit Extract

⇨ **狗牙蔷薇果提取物**

很多时候只看 INCI 名称很难想象出其具体成分究竟是什么。

看不出 1% 分割线在哪里？

化妆品的处方基本按照“水性成分（包含水在内）”“油性成分”及“表面活性剂”进行处方调配（第 20 页）。

用作处方基础的成分，含量会超过 1%；出于使用感受、成本、稳定性等原因，其他成分所占的含量大抵会低于 1%。

例如：透明质酸钠这种粉状的美容成分一般会被当作保湿剂使用。虽然市面上也有打着“100% 透明质酸原液”旗号的美容液，但它只不过是含有 1% 透明质酸钠的水溶液。因为如果透明质酸钠含量超过 1%，化妆品就会变得过于黏稠，很难使用，还提高了成本。因此，一款商品中的透明质酸类成分就算全部加在一起，浓度也不会超过 1%。也就是说：

当你找到含量不可能超过 1% 的成分时，就等于找到了整个成分表中 1% 的分割线。

例如：美容成分（第 79~174 页）、植物提取物（第 189 页）、精油（第 183 页）等。

为什么一些写明“无香精”的化妆品也会有味道呢？

“无香精”的意思只不过是“没有添加香精成分以增添商品香气”。即便一款产品的配方中没有加入香精，其中所含的油分、保湿剂等原料也都有自己的味道。因此，消费者在使用时也能闻到来自这些原料的气味。

可以不必标明的“残留”成分，究竟是什么？

残留成分指的是那些不必在全成分表中标明的成分。它可以指在原料的制造过程中为保证品质而添加的成分，也是一种在制作过程中可能残留在产品中、但含量极微小的成分。这种原本就包含在原料之中、并非化妆品制造商有意添加的成分，可不做强制标明。不过，这只是制造商在承担化妆品的品质、安全性方面的全部责任的基础上，判断“残留物不会对商品产生影响”，才能选择不标明残留物成分名称。

此外，当看到一些产品上标着“× × 无添加”“不含 × ×”时，那么该产品中即便有残留成分，也不能标明配方中使用了该成分。

残留成分具体案例：

制作原料（合成）过程中产生的一些副产品及不纯物质，以及一些合成过程中的必需成分，如：

乙醇、异丙醇、叔丁醇、氧化锡等。

为便于原料流通添加的成分，如：

防腐剂（尼泊金酯类、苯氧乙醇、BG等）、抗氧化剂（生育酚等）等。

白野实
专栏

只要化妆品不包含（不添加）旧版《指定标识成分》表中的成分，就可以放心使用了吗

“指定标识成分”指的是 1980 年日本厚生省（现日本厚生劳动省）指定的 103 种成分（含香精），其中既有合成物，也有天然物质，如防腐剂、抗氧化剂、焦油类着色剂等。厚生省要求，当制造商在商品中添加了这些“因使用者的体质不同，在极罕见的情况下可能引起过敏等皮肤问题”的成分时，必须在商品容器或包装上标明。

然而，1980 年之后，新的成分仍被不断开发并添加至化妆品中，可是《指定标识成分》表却始终没有更新过。随着 2001 年 4 月起施行的全成分标识制度，旧版《指定标识成分》表便被废弃了（现在，医药部外品仍有义务将包含香精在内的 140 种成分标识出来）。

因此，这些成分的安全性需要由制造商自行负责。如果不包含某成分，制造商就可以在商品上标明“×× 无添加”或“不含 ××”。不过，也有不少商家只是未添加旧版《指定标识成分》提到的 103 种成分，就大肆宣传自己是“无添加化妆品”。

虽说化妆品的副作用本身就比较小，但一种化妆品不可能适合所有人的皮肤，就连安全系数非常高的保湿剂——BG（1,3- 丁二醇），近些年也有使用者出现皮肤问题的报告。因此，一旦看到“不包含旧版《指定标识成分》表中的成分，请放心使用！”或“100% 无添加！”等广告语时一定要小心。除旧版《指定标识成分》表中的成分外，还有很多会令皮肤产生不适的其他成分。

日本化妆品成分标识的变迁

以“洗发水”成分标识为例:

1980 年至 2001 年 3 月

【指定标识成分】
月桂醇聚醚硫酸酯钠、月桂基硫酸盐、苯甲酸钠、乙二胺四乙酸盐、甲基异噻唑啉酮、红 227、黄 4、香精

因为只标明了指定标识成分，所以不太清楚实际使用了哪些成分。

2001 年 4 月至今

【全成分标识】
水、月桂醇聚醚硫酸酯钠、月桂醇硫酸酯钠、椰油酰胺丙基甜菜碱、香精、椰油酰胺 MEA、氯化钠、苯甲酸钠、乙二胺四乙酸四钠、柠檬酸、乙二胺二琥珀酸三钠、PEG-60 杏仁甘油酯类、瓜尔胶羟丙基三甲基氯化铵、甜扁桃油、黄 4、甲基异噻唑啉酮、红 227、柠檬酸钠、二甲苯磺酸钠

规定制造商有义务标明所有成分，所以这种成分表会更好懂。

需要我们亲自
确认安全性!

因此，我们一定要仔细阅读成分表，认真选择适合自己的产品，这一点相当重要!

我从来没有仔细读过成分表。
原来如此
嗯嗯

呃……只要读一读第一行和第二行就可以了，对吧？
咦？怎么感觉有点像？

排列顺序虽然不同，但成分都差不多！

化妆品中添加的成分，
大部分都是固定的哦！

想判断一款产品是否适合自己的皮肤，
最重要的是先检查占化妆品成分绝大部分的“基础成分”！

基础成分?!

第二章

化妆品的基础知识①

~化妆品的成分构成~

我们平时使用的化妆品都是用什么制造的，您知道吗？

无论哪一种化妆品，其制造方法都有共同之处。

接下来，我们将为您介绍每款产品中使用的成分的构成比例。

化妆品究竟是用什么做的

化妆品是由『水』『油』『表面活性剂』这三种成分为基础构成的。

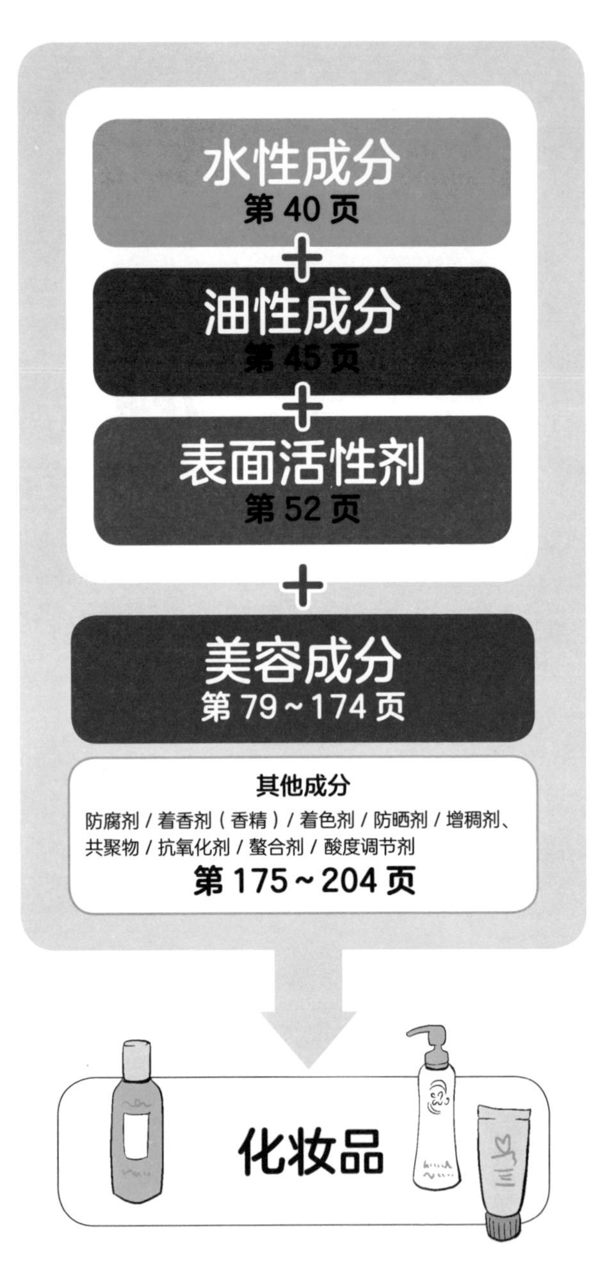

在化妆品成分中占比最大的，就是水性成分、油性成分、表面活性剂这三种基础成分（基质原料）。不同成分的浓度和配比会形成不同形态的产品。

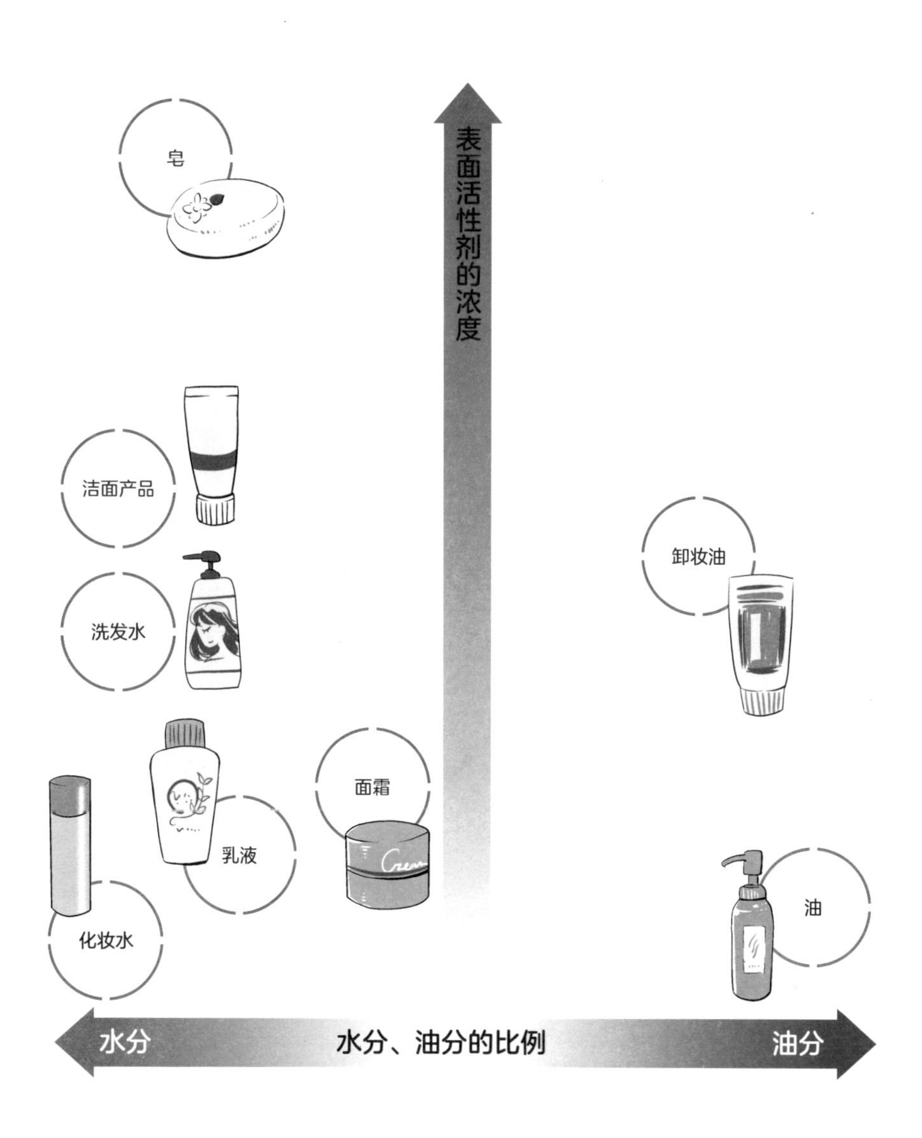

基本的化妆品成分构成

（以下所示均参照一般产品比例，存在个别商品不符合以下所示比例的情况）

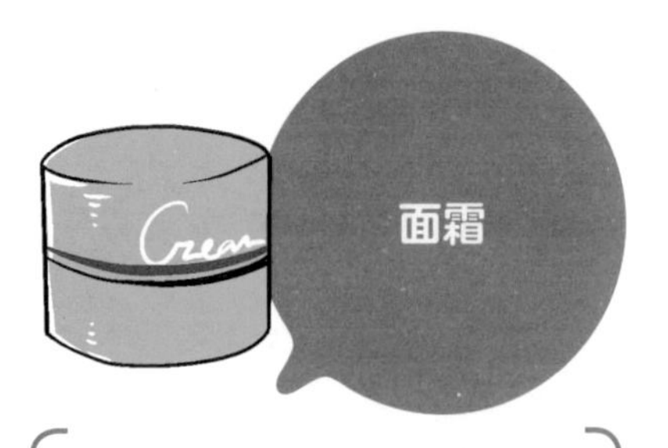

水	50%~85%
水性成分	5%~20%
油性成分	5%~40%
表面活性剂	2%~8%

水性成分和油性成分组合的自由度比较高，所以能够组合成各种各样的形态。和其他类别相比，乳霜质地的产品能更好地补充皮肤表面油分。

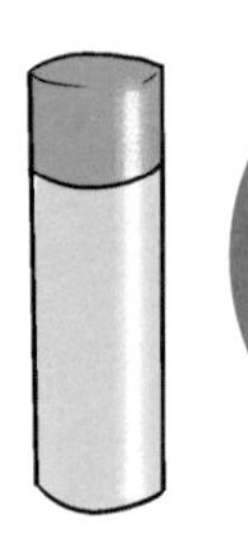

水	80%~95%
水性成分	5%~20%
油性成分	0~0.5%
表面活性剂	0~1%

化妆水能够补充皮肤所需水分，同时调整水分平衡。不同种类的化妆水还具备有效促进收敛或吸收的功能。

水	0~10%
水性成分	0~30%
油性成分	0~1%
表面活性剂	60%~95%

这种洁面皂所含的保湿剂成分要比洗浴用皂多，清洁更为温和。相比包含 90% 清洁成分的“机器制①”皂基，这类洁面皂大多属于“框制法②”皂基，会添加较多美容成分。

水	70%~90%
水性成分	5%~20%
油性成分	1%~10%
表面活性剂	1%~5%

乳液是介于化妆水和面霜之间的一种类别。它可以调整皮肤的水分和油分，令肌肤柔软顺滑。一般在用完化妆水后使用。

① 机器制：先用专门的机器将皂基的原料切割成容易混合、锻造的片状或小丸状，让其干燥，然后再加入功能性成分、色素、香精等。

② 框制法：在皂基的原料中添加功能性成分、香精、保湿剂等，在高度流动性的状态下灌入很大的框架中（长方形或圆形），放置一天冷却。

成分	含量
水	0~3%
水性成分	0~5%
油性成分	70%~85%
表面活性剂	10%~20%

卸妆油和卸妆膏更易去除彩妆，特征是遇水乳化。其中油状类型产品根据产品种类不同，使用感受也不同，总体来说清洁能力很强。膏状类型的产品则添加了固态油脂成分，所以质地厚重。

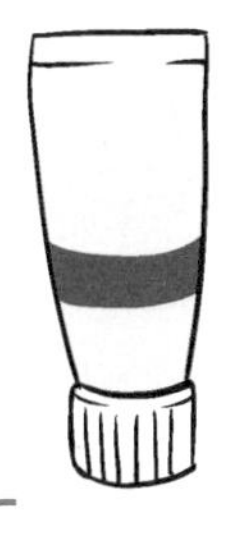

成分	含量
水	50%~70%
水性成分	10%~30%
油性成分	0~2%
表面活性剂	10%~30%

与固体洁面皂相比，洗面奶泡沫更加丰富，其中大部分产品所含保湿剂成分较多。主要的清洁成分分为弱碱性脂肪酸皂基型和弱酸性非皂基型（氨基酸型）。

成分	含量
水	0~3%
水性成分	10%~30%
油性成分	50%~80%
表面活性剂	5%~20%

相较卸妆油，卸妆啫喱包含更多水性保湿成分，其中很多产品能够保证清洁后皮肤水润不干。和卸妆油相同，卸妆啫喱同样可以乳化，能够用水清洗。

成分	含量
水	60%~80%
水性成分	5%~30%
油性成分	0~1%
表面活性剂	10%~20%

这类洁面产品中，有些质地较为黏稠，有些则很稀薄、可以直接用瓶子压出泡沫。其中清洁成分的含量要比其他类型少一些，所以大部分洁面露都较为温和。

什么是乳化？

通过冲洗，油中分散着水分的状态（W/O 型，即油包水）因水分突然增加而产生逆转，成为水中分散油分的状态（O/W 型，即水包油）。反之则指因水分蒸发，从水中分散油分的状态（O/W 型）变为油中分散着水分的状态（W/O 型）。详细讲解请参考第 28 页。

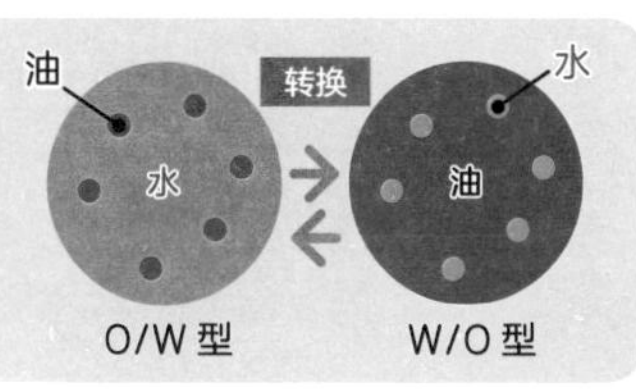

水	50%~85%
水性成分	5%~20%
油性成分	5%~50%
表面活性剂	2%~20%

卸妆霜比卸妆乳添加的油分更多，所以能在不刺激皮肤的情况下，进一步提高卸妆能力。卸妆霜有乳化和非乳化两种形式，这两种均能在卸妆后带来水润不紧绷的使用感受。

水	60%~80%
水性成分	10%~20%
油性成分	0~5%
表面活性剂	10%~20%

卸妆油和卸妆啫喱主要通过油分卸除彩妆，而卸妆凝露主要通过表面活性剂来卸除彩妆。这种类型清洁能力稍弱，但清洗过后能保持面部皮肤水润。

水	60%~80%
水性成分	5%~20%
油性成分	0~5%
表面活性剂	5%~20%

此类型卸妆产品几乎不含油分，主要通过表面活性剂来卸除彩妆。相比卸妆凝露，其清洁能力更低。这一类型大多需要通过棉片或无纺布浸取后擦拭面部来卸除彩妆。通过“擦拭”这样一种物理方式来弥补其清洁力低下的不足。

水	70%~90%
水性成分	5%~20%
油性成分	1%~20%
表面活性剂	1%~20%

卸妆乳通过油性成分与表面活性剂来卸除彩妆。不过两者在其中的含量都要比其他类型的卸妆产品少，所以这种卸妆产品的清洁能力也较低。相应地，此类型产品大多对皮肤较为温和。

水	20%~70%
水性成分	5%~10%
油性成分	15%~70%
表面活性剂	0~10%
紫外线吸收剂、屏蔽剂	5%~30%

该类防晒产品属于 W/O 型（第 23 页），涂抹在皮肤上可形成膜，具有一定防水性，防晒功能较持久。除此之外，该类型的防晒产品还加入了较多防晒剂（第 192 页），所以 SPF 及 PA（第 196 页）也都比较高。此类产品大多不需要使用专门的清洁产品便可卸除。

防晒产品（啫喱、乳液、乳霜 O/W 型）

水	60%~80%
水性成分	5%~20%
油性成分	0~20%
表面活性剂	1%~10%
紫外线吸收剂、屏蔽剂	5%~30%

此类防晒产品大多不含油，属于 O/W 型（第 23 页），所以只需洁面皂就能简单卸除，非常方便。不过相应地，这类防晒产品在持久度和紫外线防御效果方面表现较差。

水	60%~80%
水性成分	5%~20%
油性成分	0~2%
表面活性剂	10%~20%

构成比例和沐浴液比较相似。有些洗发水会被用来清洁碱性且毛燥的头发，所以大部分洗发水属于非皂系。此外，一部分洗发水还会根据头发特质，加入一定的保湿成分。

护发乳、护发素、发膜

水	50%~80%
水性成分	5%~20%
油性成分	10%~25%
表面活性剂	1%~5%

阳离子表面活性剂（第 56 页）可吸附于头发表面，抑制 / 减少静电产生，其中聚合物及油性成分可覆于头发表面，起到保护及修复损伤的功效。

适用的头发的毛燥度及护发效果

护发乳 < 护发素 < 发膜

水	0~1%
水性成分	0~1%
油性成分	98%~100%
表面活性剂	0~1%

唇部护理产品

润唇膏（管状）、润唇膏、唇彩

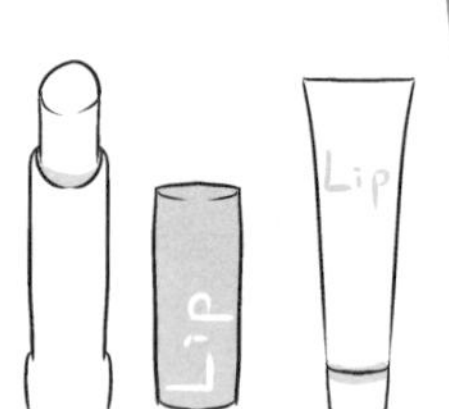

这几类唇部护理产品主要由油性成分构成，根据油性成分的种类及用量不同，产品的硬度会不同，使用方法、使用感受及光泽度等也会不同。

硬度

润唇膏（管状）＞润唇膏＞唇彩

化妆品的成分构成问与答 Q&A

美容液的成分构成是什么样的呢？

A 其实，美容液本身没有明确定义。我们一般会将“含较多保湿成分和美容成分的产品”称为美容液。它不同于其他类型的化妆品，没有固定的成分配比量，不同的制造商会有不同的配比。市面上比较常见的有“乳液状美容液”“乳霜状美容液”和“啫喱状美容液”。

Q 有些产品宣称能“一支二用”，这是怎么回事呢？

A 例如“具备护手霜效果的护发素”，它主要侧重于油性成分和聚合物的用量及种类方面。这两者都会在头发和手部皮肤上形成保护膜，所使用成分的特征及成分构成也很相近，所以一支护发素才能“二用”。此外，侧重于使用顺滑的油性成分的“清洁＋按摩霜”，以及使用相似着色剂及基础成分的“唇＋颊两用产品”也是同样的原理。

美容化学研究者 × 化妆品配方专家

偷偷告诉你① 化妆品的成分构成

西一总：化妆品看起来成分很复杂，但其实基本上都是水再加上三种基础成分混合而成的。此外，还需添加高品质、高安全系数的防腐剂等成分。

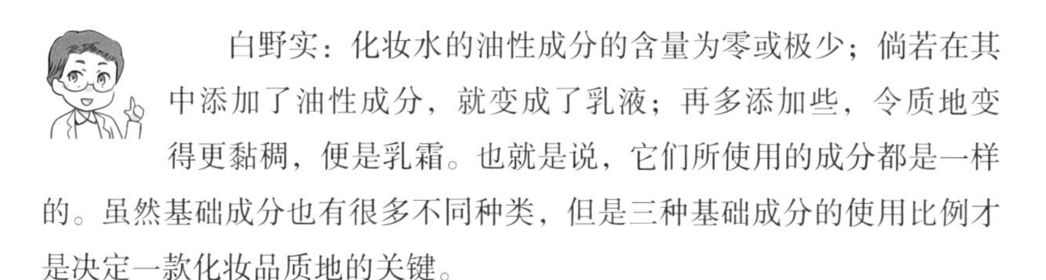

白野实：化妆水的油性成分的含量为零或极少；倘若在其中添加了油性成分，就变成了乳液；再多添加些，令质地变得更黏稠，便是乳霜。也就是说，它们所使用的成分都是一样的。虽然基础成分也有很多不同种类，但是三种基础成分的使用比例才是决定一款化妆品质地的关键。

西一总：化妆品的形态其实是由制作过程中加入的基础成分来决定的。对基础成分的要求是即使浓度很高也不会刺激皮肤，而且价格不宜过于昂贵，否则会导致一款产品造价过高。

白野实：设计一款化妆品和做菜的道理是相通的。即便使用同一种食材，搭配不同的食材、添加不同的调味料，也能做出各种各样的菜品。同理，即便化妆品的基础成分相同，但配比不同，也能产生不同类型的商品。

这种任意组合是很多的！想要追求不同的使用感受，就可以尝试去改变成分的比例。

洁面产品或卸妆产品等需要用水清洗的产品，在制作时会更重视“如何能够在不伤害皮肤的情况下彻底去除彩妆及污垢”，并在此基础上调整配方。

粉底等彩妆产品的成分大都以油性成分为基础，用水很难冲洗掉，这时候就需要使用清洁类的产品了。清洁类产品主要分为“通过油性成分达到清洁目的”和“通过表面活性剂达到清洁目的”两种。

卸妆产品卸除彩妆的原理（乳化）

1 通过油性成分达到清洁目的（运用油性成分＋表面活性剂的力量）

特征

- 清洁力比较强。
- 与皮肤摩擦较少，皮肤负担较小。
- 根据油性成分的种类、表面活性剂的含量不同，有些产品使用后会导致皮肤干燥。

产品类型 卸妆油、卸妆啫喱、卸妆乳、卸妆霜、卸妆膏①

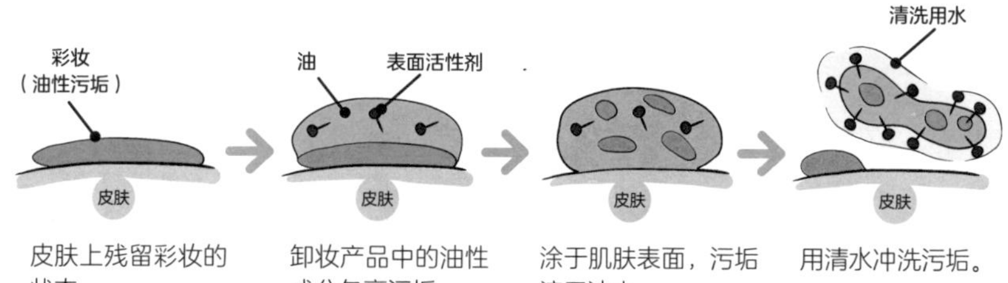

皮肤上残留彩妆的状态。

卸妆产品中的油性成分包裹污垢。

涂于肌肤表面，污垢溶于油中。

用清水冲洗污垢。

用油性成分溶解质地同样为油的彩妆污垢，从而卸掉彩妆。在其中添加表面活性剂是为了方便冲洗。

① 卸妆油、卸妆啫喱、卸妆乳、卸妆霜、卸妆膏等添加油分的卸妆产品一般需要干手使用，如果湿手使用，可能会出现难以乳化的情况。仔细阅读产品的说明书，才能彻底卸除彩妆！

通过表面活性剂达到清洁目的（只运用表面活性剂的力量）

特征

- 清洁力不是很强。
- 如果想要彻底将污垢洗净，需要进行一定的摩擦。
- 比较适合卸除淡妆。

产品类型 卸妆凝露（存在例外情况）、卸妆水、卸妆湿巾

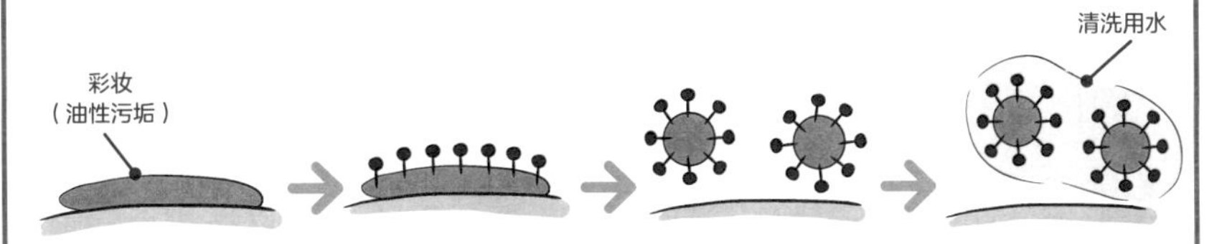

皮肤上残留彩妆污垢的状态。

使用清洁剂中添加的表面活性剂“亲油基”（疏水基，第53页）吸附在污垢表面。

渗入皮肤后，表面活性剂将污垢包裹起来，令污垢脱离皮肤表面。

亲水的表面活性剂“亲水基”（第53页）有向外取向的特质，会和吸附的污垢一同被水冲走。

只靠表面活性剂的力量渗透到彩妆的油性成分中，再用水冲洗掉。使用这类产品时需要一定的摩擦和擦拭来帮助清洁。

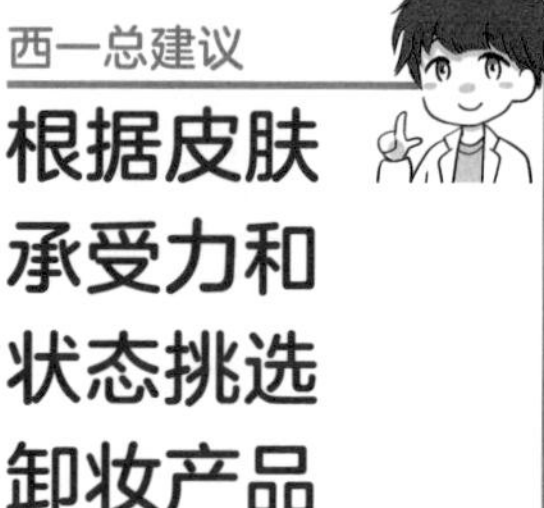

西一总建议
根据皮肤承受力和状态挑选卸妆产品

如前文所述，清洁类产品主要分为“通过油性成分达到清洁目的”和“通过表面活性剂达到清洁目的”两种。如果使用油类的卸妆产品，那么确认其油性成分具体使用了哪些物质是非常重要的。尤其是皮肤状态属于敏感性皮肤、干性皮肤的消费者，相比于清洁力极强的烃类油系（矿物油、角鲨烷等），更适合选择使用油脂类的产品。

清洁剂的清洁能力及使用时的皮肤负担

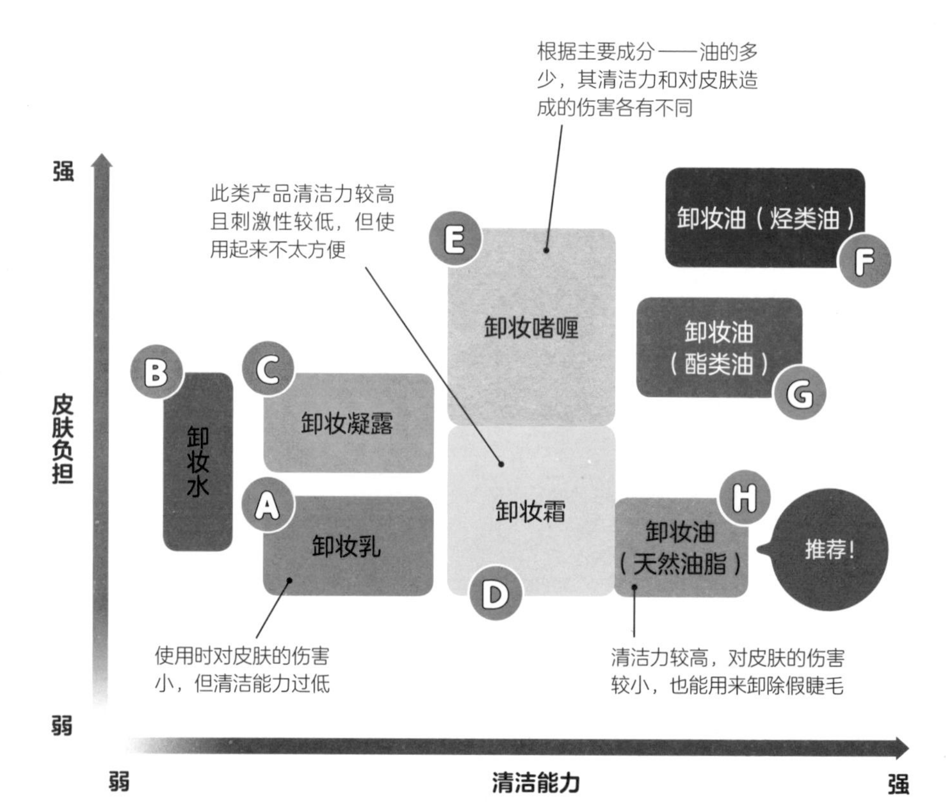

根据主要成分——油的多少，其清洁力和对皮肤造成的伤害各有不同
此类产品清洁力较高且刺激性较低，但使用起来不太方便

A 卸妆乳
使用时对皮肤的伤害小，但清洁能力过低，能卸除的彩妆产品有限。
适用妆容 淡妆 皮肤状态 干性皮肤、敏感性皮肤、混合性皮肤
B 卸妆水
只依靠表面活性剂来清洁皮肤，清洁能力较低，使用时对皮肤的伤害也较大。
适用妆容 淡妆 皮肤状态 油性皮肤、中性皮肤、强韧性皮肤
C 卸妆凝露
这类产品只比液体类的产品多加了一些增稠剂。
适用妆容 淡妆 皮肤状态 油性皮肤、中性皮肤、强韧性皮肤
D 卸妆霜
使用时对皮肤的伤害小，卸妆能力出众。
适用妆容 一般 皮肤状态 干性皮肤、敏感性皮肤
E 卸妆啫喱
这类产品主要以啫喱质地的矿物油最为常见。
适用妆容 浓妆 皮肤状态 中性皮肤、强韧性皮肤
F 卸妆油（烃类油）
成分以矿物油为主，是清洁能力最高的油类清洁成分。
适用妆容 浓妆 皮肤状态 强韧性皮肤
G 卸妆油（酯类油）
比烃类油对皮肤造成的伤害要低一些，比天然油脂产品去除油脂的能力高一些。
适用妆容 浓妆 皮肤状态 中性皮肤、强韧性皮肤
H 卸妆油（天然油脂）
和人体自身产生的皮脂相类似，清洁能力高，且使用后不易干燥，对皮肤的伤害较小。
适用妆容 一般～浓妆 皮肤状态 干性皮肤、敏感性皮肤

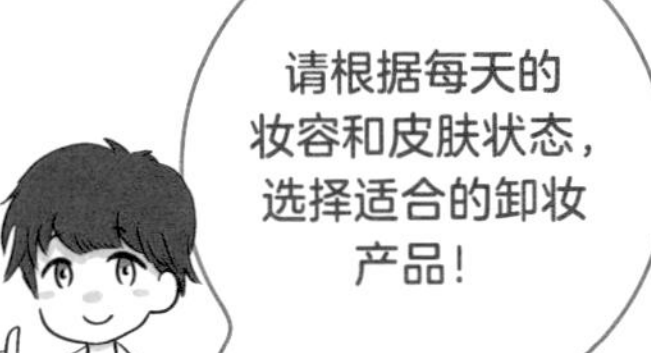

请根据每天的妆容和皮肤状态，选择适合的卸妆产品！

※ 油性皮肤人士选择 D~H 这几种油类卸妆产品时，建议卸妆之后再用洗面奶洗一次脸（双重洁面）。

白野实建议

关于卸妆产品的思考和选择

矿物油等烃类油是否真的具备超强清洁力，敏感性皮肤是否真的不适用

关于前文中“西一总建议：根据皮肤承受力和状态挑选卸妆产品”中提到的烃类油卸妆产品，我有些不同的看法。简单说，我没有将烃类油往“清洁力强”或“用后皮肤干燥”这些方面上去想。作为代表的烃类油成分之一——矿物油，就一直在追求低刺激性的婴儿油中长期使用。一些价格较高且备受欢迎的产品中，也标明使用了“矿物油”“凡士林”等。

卸妆产品配方的重点在于如何彻底去除各种美妆污垢。因此，既有烃类油易去除的彩妆，也有酯类油或硅油易去除的彩妆。这几种油类通过巧妙的搭配组合后才会制造成商品提供给消费者，所以不应只认定其中的某一个成分“会给皮肤造成负担”。

那么，为何烃类油为主的卸妆油会给人一种“用后皮肤干燥”的使用感受呢？其原因之一，就是这种“烃类油”是油性成分中性质最不亲水的一种，所以为了保证在使用后可以冲洗干净，就不得不加入清洁力较强的表面活性剂。

卸妆产品的选择方法

在选择卸妆产品时，最基本的方法是“根据需卸除的彩妆类型选择”。如果想要卸除轻薄的彩妆，那么选择清洁力较弱、质地温和的卸妆乳液或卸妆水即可。如果使用的是具有较强防水效果的彩妆，同时又化了浓妆的话，最好选择卸妆油或卸妆膏等含油分较多的卸妆产品。

这样做的理由是使用卸妆产品时，必须要遵循一个“重点”。那就是，在卸妆和冲洗时，一定要“避免摩擦”。即便使用质地温和的卸妆产品，若因为“卸不干净”就拼命揉搓皮肤，也只会起到反作用。正确的做法，是将卸妆产品轻柔地涂抹在面部，让污垢溶解并脱离皮肤。最后用清水冲洗时，也只需用手温和地在面部打圈涂抹，待乳化后将皮肤冲洗干净。只有那些能够帮助我们轻松完成以上过程的卸妆剂，才是一款理想的卸妆产品。

白野实推荐的卸妆产品

如果要问我推荐哪种卸妆产品的话，我想首先推荐的就是卸妆霜吧。卸妆霜加入了有助于清洁的油性成分，同时也含有水性保湿成分，这两者的配比很平衡，所以才能有效且温和地卸除彩妆。同时，在清洗过后也能维持适度的保湿度，使用感受也比较温和。事实上，在化妆品的配方中，卸妆霜的设计难度是非常高的。既要使用能高效卸除彩妆的油类，又要让这种成分在皮肤上尽快乳化，而且在用水冲洗的过程中也不会给皮肤造成负担，此外还要注意成品的稳定性……要达到以上所有要求是极其困难的。因此，一款卸妆霜，或许能够反映出制造商的配方设计水平。

占化妆品绝大部分的“水”究竟是什么

近些年，越来越多的化妆品公司开始标榜自家产品在“水”的使用上如何考究。其实，化妆品的成分组成中最基础的就是水，在化妆水、乳液、洁面泡沫等产品的成分表中，水都排在第一位。而且，为了保持肌肤水润，“水”是不可或缺的，消费者对“水”的品质比较在意也是理所当然的。

化妆品中标识的水，一般指的是“精制水”。所谓“精制水”，其实就是将自来水及井水（地下水）等进行离子交换处理，并用有孔、缝隙极细小的膜来过滤，通过蒸馏、紫外线杀菌等工序，最终提取到的高纯度水。隐形眼镜专用的精制水也是这种物质。

除精制水外，还有玫瑰水、薰衣草水等被称作“植物水”“药草水”“芳香蒸馏水”的“水”。这种“芳香蒸馏水”，是从花草中提取精油时的额外产品。因此，在这一类水中会含有微量（0.01%~0.1%）的精油。

此外，还有些产品会使用“温泉水”和“海洋深层水”等天然水，这些水一般多含矿物质。

矿物质成分能令肌肤变得光滑，也容易被皮肤吸收。但也有弊端。矿物质同化妆品中的其他成分相遇的话，极易使整个产品的黏度下降，从而导致品质劣化。因此，制造商会尽量减少温泉水和海洋深层水中的矿物质含量（从处理程度来看，一部分矿物质水其实已经很接近精制水了）。

那么，我们应该如何去判断化妆品中的“水”呢？

植物水、温泉水、海洋深层水，这些都会让人认为是纯天然物质，但其实这几种水中的精油成分和矿物质成分都是极少的，同精制水的差别并不大。

此外，在作为原料使用时，精制水一般是在各化妆品工厂进行“精制”处理，然后当场投入使用的。其他类型的水则需作为原料运输及保存。为防止在此期间出现细菌繁殖的情况，大多数情况下需添加防腐剂。也就是说，其实大部分天然成分都无法直接使用，“天然”不一定对皮肤更好。

因为这些种类的水其实在功能上相差并不大，所以不必太过纠结于“应该选择哪种水”，可以按照自己的喜好选择适合自己的产品。此外，敏感性皮肤人群选择不含大部分不纯物和矿物质成分的“纯精制水”（标识名称：水、精制水）会更安全。

因为水占据了化妆品成分的一大半，所以也会有人觉得“那干脆只用水也行”。这种想法是不可行的，水极易蒸发，因此还需要使用能令肌肤保持水润的保湿成分。留有“清爽”“滋润”等使用感受是水性成分的作用。

关于水的问与答 Q&A

Q 用于化妆品中的“水”，一般都有哪些标识名称呢？

A 比较有代表性的水有：普通的水（水、精制水）、天然水（温泉水、海水等）、芳香蒸馏水（北美金缕梅水、大马士革玫瑰花水等）、果汁（芦荟液汁、木立芦荟液等）、酵母培养液、发酵液。

作为基础成分使用的水性成分一览

种类	标识案例	说明
普通的水	水、精制水	最普通的水。通过离子交换的方法最大程度去除不纯物质。虽不具备任何特殊作用，但因为不含不纯物质，所以安全性最高
天然水（含矿物质水）	温泉水、海水、鹰嘴豆提取物等	温泉水及海水（海洋深层水）都属于含矿物质水。这一类水中包含金属离子、无机物等矿物质，以及有机物。其中矿物质具有一定的特殊功效，但是这类水中的不纯物质也可能不适合肌肤
芳香蒸馏水	北美金缕梅水、大马士革玫瑰花水、薰衣草水、蓝桉叶水、香茅水、迷迭香水、鼠尾草水、苹果果实水、柑橘果实水等	主要是使用水蒸气蒸馏法，从具有芳香属性的植物的花和叶中获得的水，含有微量的植物提取物及芳香成分（精油）。大多被用作香精。对精油过敏的人须谨慎使用
果汁	芦荟液汁、木立芦荟液、丝瓜水、杏汁、橘汁等	这类水是将芦荟或丝瓜等植物、水果的果汁处理成了可以添加到化妆品中的成分。它们含有果汁特有的糖类等保湿成分及芳香成分
酵母培养液、发酵液	酵母菌发酵产物滤液、半乳糖酵母样菌发酵产物滤液、内孢霉发酵产物滤液、稻米发酵产物滤液等	将牛奶、大米、黑糖等用酵母菌进行发酵，沉淀后再过滤获得的液体。这类水含有少量发酵时产生的醇类及氨基酸等保湿成分，但不含酵母菌。其中稻米发酵液是将“日本酒”处理成了可以在化妆品中使用的成分

这款产品
添加了
botanical
water 哦！
水也有很多种类
店员告诉
我，这款
产品加了
一种叫作
botanical
water 的
成分……
“botanical
water”是
植物水，
也指
“芳香
蒸馏
水”！
植物
它被视
为“天
然有机”
成分，
自然
纯天然
不过这
两种叫
法其实是
一回事。

从成分
上来看，
其实没
什么区
别，对
吧？

“对皮肤
温和”其
实只是我
的假想而
已？

是啊
如果不
是敏感
性皮肤，
就按照自
己的喜好
自由选择
产品吧！
原来如此

在化妆水中添加表面活性剂，就会变成洗发水？

化妆品会根据基础成分的配比产生类型变化！
真有趣！

在化妆水中添加油类，就会变成乳液。
再多加些油，就会变成乳霜。

如果这些类型都是按照配比来区分的话，那还有必要分成化妆水、乳液等类别吗？
确实

因此，一款产品的基础构成之中都包含哪些成分，以及成分的多少，
诶
这些都非常重要！
咚
为什么会跳起来

配比只是一个参照值，不论哪种化妆水，在制作过程中都有可能根据实际情况改变添加比例，制作者还要仔细
嗯嗯
考虑应在不同产品的配方中添加哪些成分。

第三章

化妆品的基础知识②

~ 基础成分的特性及选择方法 ~

水性成分、油性成分、表面活性剂这三大化妆品的基础成分，和产品的使用感受直接相关。这也是决定一款产品质地的关键要素。

虽然化妆品的种类十分丰富，但是一些代表性成分会出现在大部分化妆品中，接下来就让我们逐一了解这些成分是什么，又发挥了怎样的作用吧！

❶ 水性成分
（保湿成分）

易溶于水，不易溶于油的成分。
建议根据使用感受选择。

敏 敏感性皮肤的人使用

1% 配比浓度虽低于 1%，但可以发挥作用的成分

成分名为化妆品标识名称，（ ）内的则是医药部外品标识名称或通称

甘油（浓缩甘油）

保湿能力非常强，是一款能够长时间保持皮肤滋润的优秀保湿剂。因为皮肤中也存在这种成分，所以致敏性和刺激性都很低。特征是和水混合能够发热，所以常被用于发热型卸妆产品中。目前广泛使用的是源自植物的甘油。

BG（1,3-丁二醇）

日系化妆品最常使用的一种保湿剂，刺激性低，也是敏感性皮肤专用化妆品的主要成分。它的特点是不会黏腻，有着十分清爽的使用感，且有适度的保湿功能。大部分 BG 都是合成产物，只有少部分来源于植物。BG 具备一定的抑制细菌繁殖的能力，所以防腐效果也很好。

乙醇

能为产品增加清爽感，抑制黏腻感，并且被广泛用来溶解一些难溶于水的成分。其易挥发的特性会为皮肤带来清凉感，缺点是会使皮肤干燥。不适合用于酒精过敏或易受刺激的皮肤，所以敏感性皮肤用的产品中通常不添加乙醇。

DPG（双丙甘醇）

质地略黏稠，但不会过于黏腻，使用后比较清爽。和 PG、BG 相比，DPG 能够令皮肤变得更柔软。有些专家指出，这种成分会刺激眼睛，也会刺激过敏性皮肤。DPG 能大幅提升一款化妆品的延展性和顺滑感，并且防腐效果很好。

1,3-丙二醇

1,3-丙二醇是一种保湿效果优于 PG 和 BG 的保湿剂。自从人们从发酵玉米淀粉糖化液中得到 100% 纯植物提取物——1,3-丙二醇后，使用该成分的产品变多了。但是，1,3-丙二醇在安全性方面的数据还不充足，刺激性等诸多方面的表现也尚不明了。

【基础功能】

- 通过保持水分，让皮肤湿润（保湿作用）。
- 给予清凉感和温热感。

山梨糖醇

山梨糖醇不仅用于化妆品中，也被广泛应用于食品制造。苹果中的冰糖心其实就是山梨糖醇。山梨糖醇和甘油一样，有着极强的保湿功能，但也很黏腻。它通过吸附水分来发挥保湿功效，常用于化妆水和美容液中。

吡咯烷酮羧酸钠

1%

吡咯烷酮羧酸钠是一种存在于皮肤角质层中、能够保护角质层水分的天然保湿因子（NMF）（第 69 页、第 107～108 页），属于氨基酸中比较有代表性的一种保湿成分，少量就能高效地发挥保湿效果。

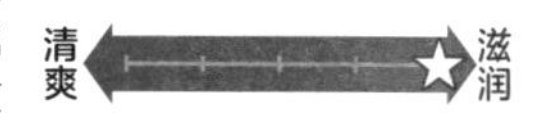

1,2-戊二醇

具备一定的保湿效果和防腐效果，所以常用于不添加防腐剂的化妆品中。近几年也会使用一些来源于植物的成分。

1,2-己二醇

1,2-己二醇中所含的防腐剂成分要比 1,2-戊二醇更高。1,2-己二醇被广泛用于不添加防腐剂的化妆品中。不过添加量过大有可能会刺激皮肤。

PG（1,2-丙二醇）

PG 如今被各国广泛使用。其实在 BG 广泛使用之前，日本就经常使用 PG。PG 脂溶性很高，被皮肤吸收时容易刺激到皮肤，虽然 PG 被广泛使用，但人们对 PG 仍持谨慎态度。

美容化学研究者 × 化妆品配方专家

偷偷告诉你② 水性成分

白野实：了解了第 40～41 页介绍的这 10 种成分之后，就能大致掌握这些会直接影响使用感的水性成分了。最受制造商欢迎的“重量级选手”，就是甘油和 BG 这两大基础水性成分。紧随其后的是 DPG，以及来源于植物的 1,3-丙二醇。

西一总：甘油这种成分真的很优秀，强烈建议敏感性皮肤人群使用。不过，我不太喜欢甘油的黏腻感，所以个人更青睐 BG。虽然比不上乙醇，但 BG 使用后也很清爽。

白野实：乙醇常和两大基础成分一起配合使用。如果不希望产品太过黏腻，可以在配方中稍微加一些乙醇，这样就能抑制黏腻感，用起来十分清爽。虽然人们比较倾向于选择未添加乙醇的产品，但事实上一些肤质较差、对酒精的抵抗力也较弱的人，稍微用一些添加少量乙醇的产品，反而会感到更加舒适。

西一总：确认一下化妆品的成分表，写在后面的成分其实含量都很低。不过，如果对这些成分过敏，那么就算只是微量，仍然需要避免使用这类商品。关于 DPG，我过去曾在个人博客上高度赞扬这种成分，不过有很多读者留言说，如果在某款产品中 DPG 出现在成分表比较靠前的位置，那么在使用过程中一旦进入眼睛就会非常疼，感觉刺激性很大。因此，现在我对这种成分持观望态度。前文中我提到，DPG 的确会对眼睛造成刺激。

白野实：DPG是制造化妆品时，为了产品的顺滑感和保湿感而使用的一种成分，我个人还是非常喜爱它的。至于刺激性，可以通过原料的精制度和配比来进行调整。气味也会随浓度而发生变化。如果从原料本身的气味和使用感等方面考虑的话，一款产品中最好还是不要添加太多的DPG。这点和前面提到的乙醇一样，重点不在于加或不加，而在于最终用量。并不是说加了这种成分的产品全都不能用，而是要看它在成分表的排序。除此之外，在翻阅文献时我意外发现，关于接触性皮炎的报告，BG的案例要比DPG多。看过报告后，或许有人会觉得“BG很危险”。但事实上，任何一种成分都有可能引发皮肤问题。因为BG使用的频率更高，所以关于这种成分的相关案例才更多，我希望大家能够冷静地分析各种信息。

西一总：化妆品的“安全性”和“对皮肤的刺激性”其实完全是两码事。即便能够保证安全性，一些化妆品仍然有可能在使用中导致皮肤出现问题，所以换用新产品时，最好先少量使用。如果有试用装的话，可以先购买试用装。

白野实：使用试用装这一点很重要。确切理解一款产品中的成分，然后去尽情挑选适合自己肤质和皮肤状态，更有吸引力、使用感更好的产品吧！每个人的情况不同，一款产品是否适合还要因人而异！

可是，甘油不是属于滋润成分吗？
？

姐姐是干性皮肤，
但是选择的产品中“乙醇”排在了很靠前的位置，这会令你的皮肤更加干燥！
水·乙醇·甘油

水·乙醇·甘油
即便后面还有其他成分，但最前面的成分，也是最多的，
这也只是排列顺序而已，请注意，只看顺序并不意味着能掌握一切！

其特性是最容易被感受到的。
了解

❷ 油性成分

从化学结构上来看，油性成分还可分为几种不同类型。因为每种类型的性质不同，加入化妆品的目的和用途也各不相同。下面的表格将油性成分进行了分类，重点介绍特征鲜明的四类油性成分，详细讲解这四类油性成分决定一款产品的使用感和皮肤软化效果的具体性状。

种类	特征及基本效果
烃类油	稳定性较高，能有效抑制皮肤水分的蒸发。用于化妆品的烃类油分子质量较大，所以角质层渗透力较弱，一般会留在皮肤表面保护皮肤。如果将烃类油用于卸妆类产品，就能够使一款产品的清洁能力大幅提高 例：矿物油、角鲨烷、凡士林、石蜡
酯类油（合成油） 蜡类	酯类油介于烃类油与天然油脂之间，特点是稳定性很强，是非常优质的皮肤保护剂。酯类油的种类也非常多。 蜡是一种以酯类油为主要成分的天然物质 酯类油例：棕榈酸乙基己酯、甘油三（乙基己酸）酯、二异硬脂醇苹果酸酯 蜡类例：霍霍巴籽油、蜂蜡
天然油脂类	这是一种从动植物中获取的油，人类皮脂中也有，所以天然油脂类成分非常适合我们的皮肤。油脂类成分对角质层的渗透性很好，能起到软化皮肤的作用，所以常被用作美容油的主要成分。但是这类成分较易分解或氧化，涂抹过多也容易导致皮肤粗糙。不过油脂类中也有不易被氧化分解的种类 例：油橄榄果油、刺阿干树仁油、乳木果脂、马油
硅油类	这是一种以“硅”为原料制成的合成油。因为无刺激性且稳定性较强，被大量用于各类化妆品中。成分表中后缀有“硅”或者“硅氧烷”的就是硅油类成分。硅油种类很多，有些种类虽然名称相同，但性状却各有不同 例：聚二甲基硅氧烷、环五聚二甲基硅氧烷

② 油性成分（保湿成分）

易溶于油，但不易溶于水的成分。

液 液体状　半 半固体状　固 固体状

成分名为化妆品标识名称，( ) 内的则是医药部外品标识名称或通称

烃类油

矿物油（液体石蜡）

矿物油是从石油中精炼提取的一种油类，又名“液体石蜡”，可根据黏性不同分为几种等级。矿物油不易被皮肤吸收，能够停留在皮肤表面，起到防止水分蒸发的作用。优点是刺激性较低，安全性较高，且价格低廉，适合大量生产。因为这些优点，矿物油被广泛用于化妆品、医药部外品、医药品中。

使用感

角鲨烷

在人类皮脂所含的角鲨烯中加氢，可以获得角鲨烷。这种物质不易氧化，状态稳定。也有一部分角鲨烷来自鲨鱼的肝油及橄榄、甘蔗。优点是使用后很清爽，不黏腻。有些化妆品甚至只有角鲨烷这一种成分。

凡士林

凡士林和矿物油一样，也是从石油中精炼提取的一种油类。矿物油呈液体状，而凡士林则是半固体糊状。凡士林的优点是能够防止水分蒸发，且不易氧化。由于刺激性低，所以常被用来护理干性皮肤。

石蜡

石蜡和矿物油一样，都是从石油中精炼提取的一种油类。矿物油呈液体状，石蜡则是固体蜡状。一般作为赋形剂（塑成、维持所需形状）用于口红等棒状制品中。

氢化聚异丁烯

 ~ 

通过合成得到的烃类物质。根据等级不同，氢化聚异丁烯的使用感既可以和角鲨烷一样清爽，也能呈现黏性很强的油状，被用于一些唇釉、唇彩中。一些防水睫毛膏和局部卸妆产品也常含有这一成分。

【基本作用】

- 能够抑制皮肤水分的蒸发，令肌肤更加柔软（保湿效果）。
- 容易渗入彩妆中，使其溶解脱落。
- 增加硬度。

酯类油（合成油）、蜡类

棕榈酸乙基己酯

液

使用感比较清爽，油性感比较少，是一种合成液体状油。由于性价比较高，所以被广泛用于清洁产品、护肤品、彩妆等产品中。

甘油三（乙基己酸）酯

和油脂构造近似的一种合成液体状油类。亲肤，具备高安全性及稳定性，被广泛用于化妆品中。甘油三（乙基己酸）酯易于溶解各种油类，所以也多用在卸妆产品中。

二异硬脂醇苹果酸酯

主要来源于石油，是一种具有一定黏性的液体状油。虽黏性高但并不黏腻，用于彩妆中可起到黏着剂的作用。它同时还可用于唇彩、唇釉及口红中，帮助调整产品的黏着性及使用感。

霍霍巴籽油

从霍霍巴籽中提取的一种液体状油。与其他天然油脂不同，它是长锁链液体蜡酯①，所以被归类为液状蜡。因此，霍霍巴籽油在性质上和其他植物油截然不同，使用感方面具备独特的顺滑性，也不容易被氧化。

蜂蜡

蜂蜡是一种从蜜蜂的蜂巢中获得的蜡，具有一定的黏性，可提高乳化的稳定性。特点是熔点较高，不易熔化，所以常被用于制造发蜡、唇膏等需要达到一定硬度的产品。蜂蜡还被当作赋形剂用于磨砂产品中。

① 长直链的单不饱和脂肪酸和长直链的单不饱和脂肪醇组成的酯。

天然油脂类

油橄榄果油

液

提取自油橄榄树果实的一种液体状油脂。在构成油橄榄果油的脂肪酸中，占比最大的是油酸（约 80%），这也是油橄榄果油的一大特征。这种果油容易氧化，也更亲肤。精制后的油橄榄果油可用于乳霜和乳液产品。低温压榨后的果油可直接作为化妆品使用。

刺阿干树仁油

提取自刺阿干树种子的一种油，一般被称作“阿甘油”。特征是富含油酸和亚油酸，且含有丰富的抗氧化成分（维生素 E 等）。质感要比油橄榄果油更丰厚一些，低温压榨后的刺阿干树仁油可直接作为护肤品使用。

全缘叶澳洲坚果籽油

提取自澳洲坚果种子的一种液体状油脂。其含有的棕榈油酸也存在于人类的皮脂中，但在其他一些植物油中却很少见。与此同时，全缘叶澳洲坚果籽油的另一大特点是十分亲肤。

乳木果脂

提取自乳木果实的一种半固体油脂。常温状态下为固体，但温度接近体温时便会熔化，所以也被称为“乳木果油”。在防止水分蒸发方面，乳木果脂是所有植物油中表现最好的，所以它被广泛用于护手霜等各式各样的化妆品中。

椰油

提取自椰树种子的一种液体或半固体油脂，含有丰富的月桂酸、肉豆蔻酸等饱和脂肪酸。氧化稳定性也很高，但不太容易被皮肤吸收。

马油

提取自马鬃、马尾及马皮下脂肪中的液体状或半固体状的油脂。富含油酸及棕榈酸，且含有和人类皮脂中相同的棕榈油酸，不仅容易被皮肤吸收，而且防止水分蒸发的效果也很好。

硅油类

聚二甲基硅氧烷

氧化稳定性、防水性及润滑性方面都很优秀，具备独特的柔和使用感，是一种用起来十分顺滑的油。聚二甲基硅氧烷有从低到高不同等级的黏度，被广泛用于化妆品和护发产品中。

环五聚二甲基硅氧烷

环五聚二甲基硅氧烷被称为“挥发性硅油”，具有十分清爽的使用感。它不会“抢”走热量，而是逐渐地挥发，所以常被用于防水系的防晒产品及美妆产品中。并且这种成分具有良好的润滑性，用在护发素等护发产品中，可以起到减少头发摩擦的效果。

特殊的油性成分

在油性成分中，除被用作润肤成分的四类成分外，还包含两类特殊的油性成分，它们被用作乳霜的乳化安定剂、硬度调整剂以及皂基的原料。虽然这两类成分对皮肤所产生的作用并不大，但在化妆品成分表中却十分常见，所以还是事先认识它们比较好！

种类	成分名	说明
高级醇	●鲸蜡醇 ●鲸蜡硬脂醇 ●硬脂醇 ●山嵛醇 ……	提取自棕榈及菜籽的一类油。主要用于稳定乳霜及乳液等的乳化，或为产品增加一定硬度。据成分及用量不同，产品的硬度和使用感也会有差别
高级脂肪酸	●月桂酸 ●肉豆蔻酸 ●棕榈酸 ●硬脂酸 ●油酸 ……	提取自椰油及棕榈油，主要用于皂基的制作。其中硬脂酸主要用于调整乳霜硬度

制作化妆品就像做菜
——油性成分与配方设计上的诀窍

我在指导一些年轻的同事学习化妆品配方时，经常会将配方的设计比喻成做菜。我的职业——化妆品配方专家，其实也包含着这层意思。“对身体很好的东西”＝“对皮肤很好的东西”，其实就是“好吃美味的东西”＝“涂起来舒服的东西”。可以说，化妆品并不单纯是修复肌肤的物品，使用起来还须让人感到“舒适”，这样才能疗愈使用者，令人充满活力，开心地度过丰富多彩的每一天。

从这一角度来看，油性成分具备“润肤效果”（抑制水分蒸发，令皮肤更柔软）这样的基本性能，就好比菜品的“醇厚感”和“口感”，在皮肤的“触感”方面扮演着自己的角色。提到“醇厚感”，其实重要的是这种“醇厚感”是在什么时机、为使用者带来何种感受。从接触皮肤的瞬间，直到被皮肤吸收为止，需要设计出一系列多变且复杂的使用感受，这就需要细致精妙地调整油性成分的种类及用量。以香水为例：香水中加入了极为多样的香气成分，从而编织出“前调”“中调”“后调”三种不同的香调，随着时间的推移，香味会不断变化。其实化妆品也是一样。

对于想要记住化妆品成分的人来说，最苦恼的恐怕就是油性成分了。这是因为油性成分的种类真的非常多。从不同植物中可以提取到不同的植物油，还有将“酸”“醇”相结合的“酯”。可以说，排列组合稍作变化，就能得出各种各样的油性成分。

在本书讲述“油性成分”的这页内容（第 45 页）中，我们只列举了三种酯类油，但实际上这一类油性成分还有很多种，既有使用后十分清爽的油，也有比较黏腻的油；既有硬邦邦的蜡质，也有看上去很坚硬、但体温即可化开的蜡质。此外，还有具备独特顺滑感的硅油，等等。选择哪一种、添加多少量，这里面的排列组合可以说是“无穷无尽”的。

因此，每当有人问“白野实推荐哪种油性成分”的时候，其实我很难回答。因为每种油性成分都有它们可能呈现的肌肤触感及使用感受，所以无法直接给出一个固定的答案。不过，如果一定要举出些例子，那大概就是下列的这几种。这只是我个人的想法，仅作为参考。

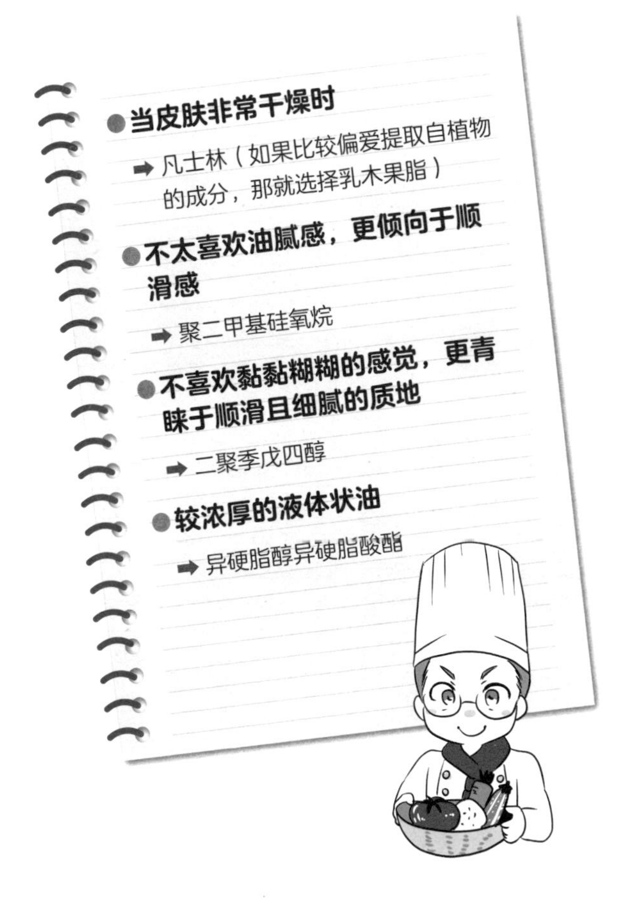

当皮肤非常干燥时
➡凡士林（如果比较偏爱提取自植物的成分，那就选择乳木果脂）
不太喜欢油腻感，更倾向于顺滑感
➡聚二甲基硅氧烷
不喜欢黏黏糊糊的感觉，更青睐于顺滑且细腻的质地
➡二聚季戊四醇
较浓厚的液体状油
➡异硬脂醇异硬脂酸酯

❸ 表面活性剂

表面活性剂的作用，是为原本不相容的油和水做媒。根据带电性，可分为四大类。

清洁力强，泡沫丰富

阴离子表面活性剂

低刺激性

特　　征：洗净、起泡、乳化助剂（帮助乳化）。

主要用途：皂基、洗发水、餐具清洁类产品、衣物类清洁类产品等。

杀菌能力强，具有柔顺效果

阳离子表面活性剂

高刺激性

特　　征：润滑、柔软、杀菌。

主要用途：柔顺剂、护发素、杀菌剂、防腐剂等。

低刺激性的清洗辅助成分

两性离子表面活性剂

几乎无刺激性 ~ 低刺激性

特　　征：根据不同酸碱度，可在洗净及柔顺方面呈不同变化。

主要用途：婴儿皂、化妆品、食品用乳化剂等。

对肌肤几乎无刺激性及毒性

非离子型表面活性剂

几乎无刺激性

特　　征：乳化、可溶化、洗净、起泡。

主要用途：化妆品、食品用乳化剂、清洗辅助剂等。

表面活性剂还分为“天然”与“合成”两种。而存在于自然界的一些表面活性剂可能含有一些不纯物质和有害物质，也可能含有一些不稳定的物质，所以用在化妆品中的大多是人工合成的表面活性剂，以及一些经过加工和精制的天然表面活性剂。

【基本效果】

- 可令水和油相混合（乳化、可溶化）。
- 减小水的表面张力。
- 易湿润，易渗入肌肤（吸收）。
- 可起泡，也可消泡。
- 卸除（洗净）。
- 增加顺滑感。

为水与油提供媒介的结构

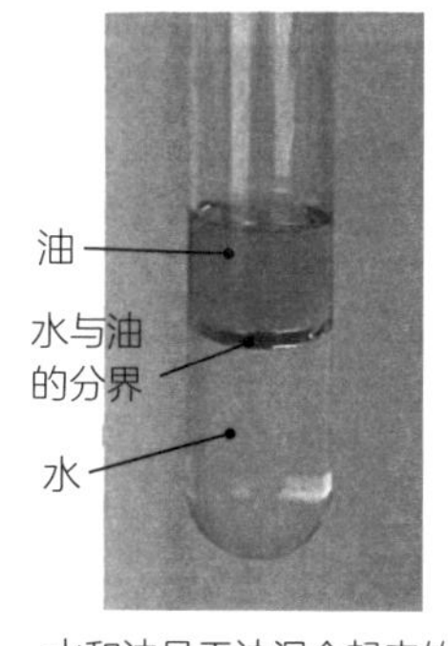

水和油是无法混合起来的，所以会分离。

添加表面活性剂，表面活性剂开始对『水与油的分界』产生作用

水和油混合，呈现出浑浊的白色。如果油的量较少，也有可能呈现透明状。

表面活性剂的分子结构

在水中，亲水基位于外侧，将油包裹在里面。

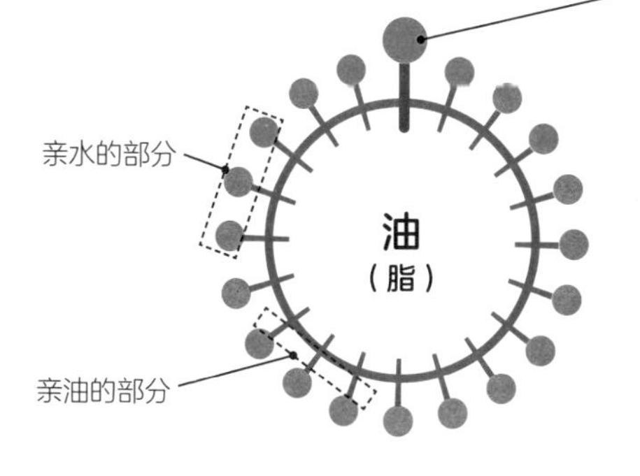

阴离子表面活性剂（主要用于“清洁类产品”）

通过起泡使其分离。

- 溶于水中会带负电。
- 一般情况下对皮肤的刺激较小，不过其中也有脱脂能力较强的类型。

亲水基 — 亲油基

皂基　皂基原料、钾皂原料等（参见第 60 页）

清洁力强，用起来舒服的清洁成分。易分解且不易残留。不过由于其碱性特质，清洗过程中会有一定刺激性。这类表面活性剂的缺点有：当呈现弱酸性至中性时便会丧失清洁力，在硬水中无法发泡，且易残留皂基垢，等等。因为清洁皮脂的能力很强，所以不适合干性皮肤和敏感性皮肤的人。

月桂醇硫酸酯钠

清洁力强，不会令皮肤干燥的清洁成分，但是对于敏感性皮肤来说刺激性较强。分子较小，易残留。因此，近些年日本的制造商们逐渐放弃使用这类表面活性剂。

月桂醇聚醚硫酸酯钠

月桂醇硫酸酯系的改良成分，降低了残留性。易发泡，且仍维持较强的清洁力，刺激性却得到了极大改善，是最近市面上售卖的清洁类产品（洗发水等）中的常见成分。

C14-16 烯烃磺酸钠

该成分作为硫酸系清洁类成分的替代成分，近些年使用频度不断攀升，不过有数据显示，它的清洁能力及温和程度与月桂醇聚醚硫酸酯系的成分相差不多。

月桂醇聚醚磺基琥珀酸酯二钠

属于亲水基，介于羧酸和磺酸之间的一种清洁成分。清洁力较强，刺激性相对较弱。一般用于侧重清洁力的弱酸性清洁类产品中。

月桂醇聚醚-4 羧酸钠

构造和性质都与皂基相近，因呈弱酸性，所以也有人称其为“酸性皂基”。清洁力较强，刺激性较弱。月桂醇聚醚后面的数字一般是“3、4、5、6”。

甲基椰油酰基牛磺酸钠

以牛磺酸为原材料制成的清洁成分。和以往的高级醇类清洁产品相比，刺激性相当低。

月桂酰肌氨酸钠

氨基酸系清洁成分中最早被制造出来的一种清洁成分。清洁力较强，虽然使用感不错，但略有刺激性。多用于洗发水中。

月桂酰基甲基氨基丙酸钠

氨基酸系表面活性剂的一种，属于低刺激性清洁成分。化学性质为弱酸性，稳定性很强。适用于低刺激性的洗发水。

椰油酰谷氨酸钠　月桂酰谷氨酸钠

刺激性低，清洁力较弱。与月桂酰基甲基氨基丙酸钠一样，常被用于低刺激性的洗发水中。

椰油酰甘氨酸钾

中性至弱碱性的氨基酸系清洁成分。洁面泡沫中常使用此类成分，使用感比较接近温和的皂基。偶尔被用作弱酸性清洁成分，但这种用法会使产品的清洁力大幅下降。

清洁能力一览

西一总建议

每种成分的清洁力都各不相同，需要根据皮肤状态和皮脂量，选择适合自己的产品。

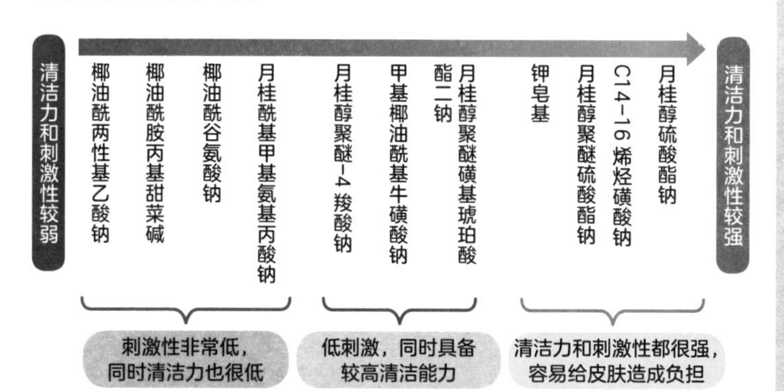

阳离子表面活性剂

（主要用于“护发素”“柔顺剂”）

- 柔顺剂、护发素的主要成分。
- 溶于水中会带正电。
- 该类表面活性剂中含有一定刺激皮肤的成分。
- 也可作为防腐剂或杀菌剂使用。

会吸附残留。

西曲氯铵

硬脂基三甲基氯化铵

山嵛基三甲基氯化铵

该成分被称为“季铵盐”。柔软性较高，不会令皮肤干燥，不过也容易刺激皮肤，是市面上所售护发素的常用成分。

苄扎氯铵

西吡氯铵

是“季铵盐”中具备一定毒性和刺激性的成分。一般不会用在柔顺剂中，而是取较低浓度加入防腐剂和杀菌剂中。

硬脂酰胺丙基二甲胺

山嵛酰胺丙基二甲胺

被称为“叔胺盐”。柔顺力度较不明显，且吸附力较低，对皮肤的刺激性相对较弱。常被用于低刺激性洗发产品和柔顺剂中。适用于敏感性皮肤。

PCA 椰油酰精氨酸乙酯盐

属于氨基酸系的阳离子表面活性剂，和“叔胺盐”一样，刺激性较弱。因为造价高昂，很少有制造商使用这种成分，不过近年来使用率有所增加。

季铵盐-○

根据○中加入的数字不同，“季铵盐”的种类也不同。这种成分属于构造特殊的“季铵盐”，加入杀菌剂和护发产品中，使用并冲洗后能够达到改善发质、减少静电的效果。同时，用于护发素中可以起到柔软效果。

两性离子表面活性剂

（主要作为质地柔和的“清洁类产品”“柔顺剂”使用）

- 婴儿洗发产品的主要成分。
- 同时拥有阴离子和阳离子两方的性质，二者正负电性相抵消，稳定性较强。
- 对皮肤的刺激性非常弱。
- 其中酸性用作柔顺剂，碱性用作清洁类产品。
- 清洁力较稳定，能够缓和对皮肤的刺激性。

亲油基　亲水基 +　亲水基 −

椰油酰胺丙基甜菜碱

月桂酰胺丙基甜菜碱

椰油酰两性基乙酸钠

月桂酰两性基羟丙基磺酸钠

是一种低刺激性的清洁成分。据部分数据显示，两性基系要比甜菜碱系对皮肤更温和。配合阴离子表面活性剂一起添加到洗发水中，清洁力和刺激性会同时下降，使洗发水性质更温和。还具有一定的起泡力和调节黏膜的功能。

月桂基羟基磺基甜菜碱

月桂基羟基磺基甜菜碱具备磺酸的结构，所以要比两性基及甜菜碱的清洁力更强，也被用于洗发水中。

羟丙基精氨酸月桂基 / 肉豆蔻基醚 HCl

该两性离子表面活性剂常被作为阳离子表面活性剂的替代品。柔顺力方面十分稳定，对皮肤很温和。

卵磷脂

从大豆及卵黄中提取的成分。几乎不用于清洁剂中，一般作为乳化剂。制造蛋黄酱时，帮助醋（水）和油充分混合的成分，其实就是卵黄中的卵磷脂。

氢化卵磷脂

将上一条中的卵磷脂进一步提升，增强其氧化稳定性后得到的成分。“氢化”即“添加了氢”，这样可以令容易氧化的部分（不饱和部分）稳定（饱和）下来。

非离子型表面活性剂

（主要用于“清洁类产品的助剂”“化妆品用乳化剂”）

- 在水中并不带电。
- 几乎无毒，对皮肤无刺激。
- 安全性极高，所以被广泛用于护肤品及彩妆产品中。
- 该类表面活性剂中还有一些被用于食品中。

亲油基　亲水基

烷基葡糖苷　癸基葡糖苷

用于非离子系清洁产品的两种成分。以糖类为主要原料制造而成，被广泛用于有机洗发水的主成分之中。虽然刺激性很弱，但是清洁力很强。

月桂酰胺 DEA　椰油酰胺 MEA

为了帮助洗发水、洁面产品起泡而添加的成分。其中“DEA”也会变成“TEA”或“MEA”等不同成分，不过用途大致不变，是一种安全性很高的成分。

PEG-○甘油三异硬脂酸酯

山梨醇聚醚-○四油酸酯

卸妆时常常会用到的一种表面活性剂，刺激性非常弱。

PEG-○氢化蓖麻油

甘油硬脂酸酯

山梨坦异硬脂酸酯

甘油硬脂酸酯（SE）

聚甘油-○月桂酸酯

月桂醇聚醚-○　聚山梨醇酯-○

作为化妆品的乳化剂和可溶化剂的成分。多为高分子成分，可渗透到肌肤内部，同时不破坏肌肤屏障。（甘油硬脂酸酯的 SE 类型含有微量的皂基成分。）

※ 除以上列举的成分外，非离子型表面活性剂还包含很多种类，将上面列表中的○替换成数字，数字不同，成分功效也有所不同（数字越大，亲水性越高）。

西一总建议

表面活性剂的刺激性与“离子”之间的关系

阴离子系与阳离子系，两性离子系与非离子系，它们对皮肤产生的刺激程度是有差别的，而这种差别则与是否易带电（具备离子性）的特点相关联。带电性越强的表面活性剂刺激性就越大。此外，动物细胞膜带负电，所以对于大部分生物来说，带有正电的阳离子表面活性剂的刺激性都比较大，且有一定毒性。

白野实专栏

表面活性剂会伤害皮肤吗

我们经常听到“表面活性剂会伤害皮肤”的说法，不过仔细观察后会发现，其实这些说法是将刺激性比较高的苯扎氯铵（第 56 页）或脱脂力极强的月桂醇硫酸酯钠（第 54 页）当作全体表面活性剂的代表，将所有表面活性剂“视为坏人”。但是正如前文所说，表面活性剂其实有很多种类及性质，对皮肤的影响也各有不同。

例如，在刺激性较强的阳离子表面活性剂中，苯扎氯铵是用于杀菌剂的，同时也必须注意其添加量。而硬脂基三甲基氯化铵（第 56 页）则是一种被广泛用于护发产品中的十分安全的成分。它具有的吸附残留特性，可以使产品的护发效果更加出众。不过直接接触皮肤时，有些人会感到不适或刺激。在了解硬脂基三甲基氯化铵的这种特性后，只要正确使用它，并注意在使用时避免接触头皮和身体，就能够保证使用效果和安全性。

此外，如果不分青红皂白地彻底避免使用阳离子表面活性剂，只使用含有效果较弱成分的产品，这种做法可能会给肌肤带来负担。真正需要谨慎使用的成分，在禁止添加列表（第 203 页）中都有标识，所以在这方面无须太过敏感。不同的表面活性剂有着不同的性质，希望大家能将这些知识用于化妆品的选择上。

皂基是最常见的表面活性剂

大家对皂基的印象一般都是“很环保”吧？其实，皂基并不是天然物质，而是一种使用了“油脂”与“强碱剂”的化学合成物质。根据碱的种类可分为两种。

钠皂（含钠皂基）

由脂肪酸、油脂以及氢氧化钠构成的皂基，分为固体皂和粉状皂。

钾皂（含钾皂基）

由脂肪酸、油脂以及氢氧化钾构成的皂基，因易溶于水，所以常被制作成液体或糊状。

提到皂基，大家的第一印象都是固体形状的吧？其实不然，皂基的形状多种多样。所以请留意，你很有可能在不知情的情况下使用了皂基。

根据成分标识方式，皂基可分为以下 4 类，其中还有一些未将成分写得很细致的标识。

皂基

① 直接标识

- 皂基坯（固体）
- 钾皂坯（主要为液体）
- 含钾皂坯（主要为固体）

② 标识反应后的成分名

（基本为固体）

- 月桂酸钠
- 肉豆蔻酸钠
- 硬脂酸钠
- 棕榈酸钠
- 油酸钠

（基本为液体）

- 月桂酸钾
- 肉豆蔻酸钾
- 硬脂酸钾
- 棕榈酸钾
- 油酸钾

③ 脂肪酸和碱性试剂分别标识

【脂肪酸＋碱性试剂】

- 月桂酸、肉豆蔻酸、硬脂酸、氢氧化钠……
- 油酸、肉豆蔻酸、硬脂酸、氢氧化钾……

④ 油脂和碱性试剂分别标识

【油脂＋碱性试剂】

- 椰油、氢氧化钠
- 棕榈油、氢氧化钾
- 油橄榄果油、氢氧化钾
- 马油、氢氧化钾

以往一些老牌子的皂基一般会按 ① 这种方法标识成分，虽然一眼就能看出是皂基的成分，但是没有写明更详细的成分结构。而 ④ 这种标识方法并不常见，一般都是为 ① 做追加注释时才会这样写。一般洁面产品和沐浴产品会按 ③ 的方法标识成分。

如果发现位列成分表前几位的是“××酸”或“氢氧化钠”“氢氧化钾”，那就意味着该产品基本就是皂基了。

教教我！

清洁成分要怎么选

润：原来皂基属于化学物质啊，真是吃了一惊！我以为它用在皮肤上比较温和，但其实并不是这样，对吗？

瑞：应该如何去选择呢？

西一总：皂基的清洁力非常高，所以有时的确不适合易敏肌、敏感性皮肤以及干性皮肤。如果使用时并未出现不适，就可以继续用下去。

润：太好了！那我还是可以继续用现有的皂基。

瑞：我使用皂基时皮肤也没出现什么不适，不过我觉得对皮肤更温和一点的产品会更好吧，所以是不是应该换成清洁力较低的产品呢？

西一总：嗯……其实也不是对皮肤更温和的产品就一定更好。使用清洁力弱但温和的产品，对于皮脂分泌较多的人来说很难做到充分清洁，反而会导致皮肤出现问题。

白野实：挑选洁面产品和沐浴液、洗发水等时，必须根据皮肤的状态及体质来判断。如果使用后皮肤紧绷或干燥，那就证明这款产品不适合你的皮肤。遇到这种情况，请毫不犹豫地尝试其他类型的产品吧！

西一总：使用后出现紧绷或干燥的原因，主要在于“过度清洁”。反之，刚洗过没有多久就感觉油腻、痤疮突然变多、脸上明显出现暗沉，这都是“清洁不足”的信号。易敏肌、敏感性皮肤、干性皮肤容易出现“过度清洁”的现象，所以这类肌肤适合使用羧酸、氨基酸系的产品。皮脂量较多，希望洗后皮肤能够干净清爽，并且皮肤足够强韧的消费者，是比较适合使用皂基的。

白野实：不过，羧酸系中也存在弱碱性的类型。有一些标明“加入氨基酸系清洁成分”的商品，其基础成分中也有可能添加了皂基，这一点需要大家注意。在挑选商品时，请注意观察成分表中写在最前面的几种成分。

羧酸系、氨基酸系清洁成分的区分方法

羧酸系： 清洁力很强，洗后感觉比较清爽	●月桂醇聚醚-（数字※）羧酸钠 ※ 此处数字通常为 3、4、5、6
氨基酸系： 清洁力稳定，洗后感觉比较水润	【月桂酰】或【椰油酰】 + ●甲基氨基丙酸钠 ●谷氨酸钠 ●天冬氨酸钠 （这三种成分中的任意一种）

白野实专栏

弥补各成分缺点，突出优点的“配方之妙”

希望大家在观察化妆品的成分时注意一点，那就是：不要只通过某一种成分去做判断。例如，一款以皂基作为基础成分的洁面产品，如果只优先考虑清洁力，那么 pH（第 200 页）就会过高，脱脂力也会增强。在制造一款产品时，我们既想得到清爽的使用体验和丰富的泡沫，同时又希望能减轻皮肤的负担……因此，我们这些设计人员才会使用各种表面活性剂及保湿剂设计配方。

此外，“一款产品中使用的表面活性剂种类较多，产生的不良影响也较多”这种说法是错误的。其实，反倒是使用多种多样的表面活性剂，进行“巧妙的搭配”，更能降低表面活性剂在一款产品中的总量，最终能够减轻皮肤负担。选择化妆品时，其实不必太受成分的制约。

说到这里，或许有人会问：“那就算了解了成分也没有什么用处，对吗？”当然不是。学习了成分的相关知识后，在实际使用化妆品时，就能明白这款产品为什么适合或不适合自己，也能确定它所发挥的效果是哪些成分所决定的。销售产品的员工学习成分的相关知识，也有助于自己更好地为消费者挑选出真正适合的产品。

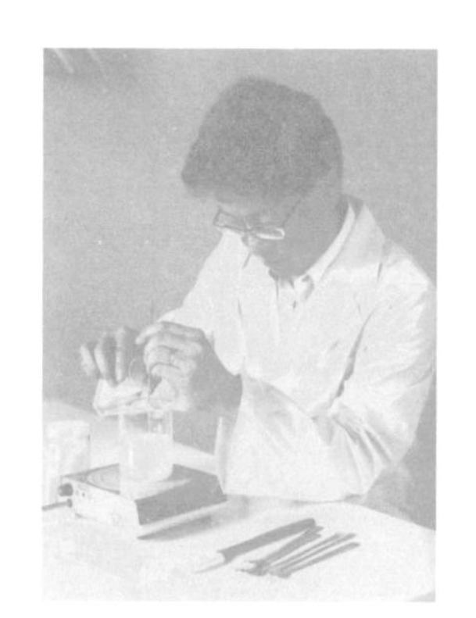

认识成分，可以说是遇到优秀化妆品的第一步！

基础成分竟然这么重要啊！
可是……

不同品牌的化妆品明明价格差了那么多，可是成分竟然都一样啊！

的确……
究竟差别在哪儿呢？
主要是那些小于 1% 的成分，造成了价格上的巨大差别。

虽然含量小于 1%，但是一款产品中如果加入了神经酰胺
这样昂贵的成分，价格也会高出很多。
而且价格也不仅仅全凭内容物决定！
研发费、人工费、包装费，等等

原来如此！

还有我的毛孔该怎么办呢？
对啊！我的这些皱纹！
二位先冷静！
等一下啦！
我们已经明白成分很重要！可是……
最终问题还是回到了“到底该选什么产品"。
首先，要了解皮肤的结构，弄清楚根本问题，
这样才能明白为何会出现皮肤问题。
我们的皮肤会阻挡紫外线、
防御异物入侵、保护我们不受干燥侵害……
可以说肩负着很多责任。
皮肤在最前线，一旦感知到异物或刺激，
就会努力去摆脱。而这种努力同时也伤害到了细胞。
而这种刺激同时也伤害到了细胞。
为了能赶快摆脱异物或刺激，
新陈代谢速度就会比平时更快。
细胞？新陈代谢？
……
百闻不如一见！
接下来就让我们看看皮肤的结构吧！

第四章

皮肤的结构

为了获得美丽肌肤，正确了解皮肤的结构及功能是非常重要的。了解了皮肤的结构后，就能明白化妆品是对其中的哪些部分起到了何种效果。打造美丽肌肤的第一步，就是了解皮肤的结构，这样也能帮助我们知道自己的皮肤需要怎样的护理。

了解皮肤的结构

皮肤中表皮加真皮的厚度约有 2 毫米，和一张纸巾的厚度差不多。表皮最外层的角质层大概只有一张保鲜膜（约 0.02 毫米）那么薄，十分脆弱，所以一定不要用力摩擦皮肤。

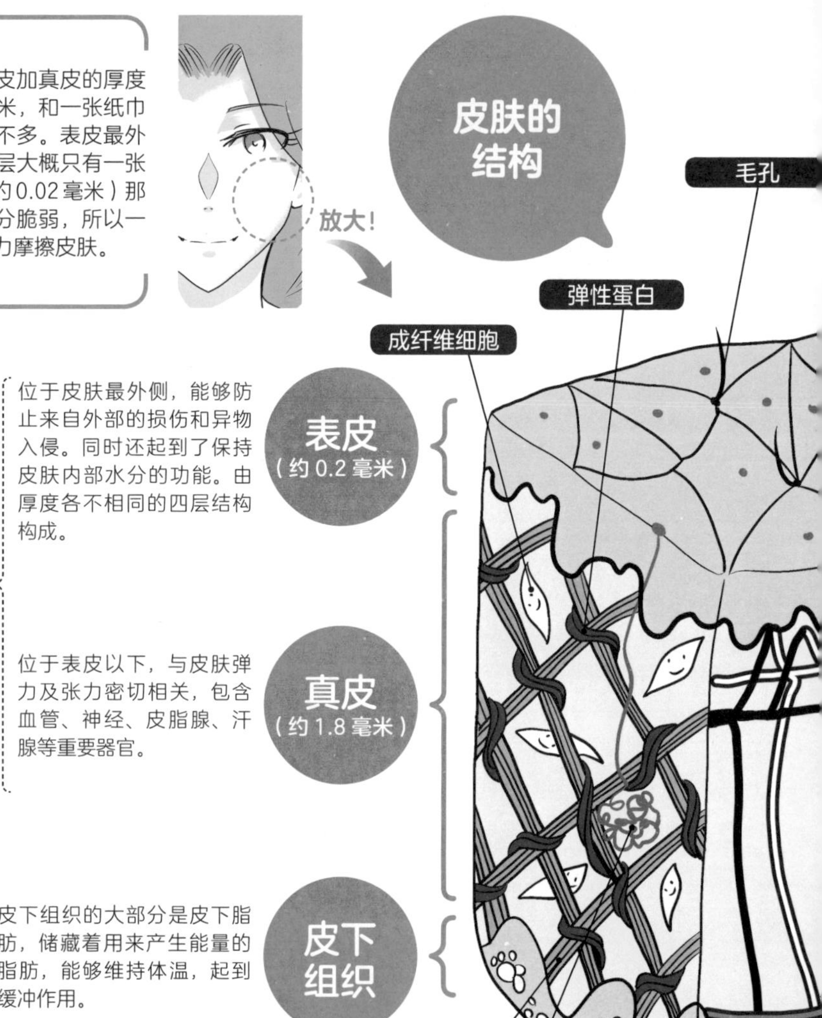

表皮（约 0.2 毫米）：位于皮肤最外侧，能够防止来自外部的损伤和异物入侵。同时还起到了保持皮肤内部水分的功能。由厚度各不相同的四层结构构成。

真皮（约 1.8 毫米）：位于表皮以下，与皮肤弹力及张力密切相关，包含血管、神经、皮脂腺、汗腺等重要器官。

皮下组织：皮下组织的大部分是皮下脂肪，储藏着用来产生能量的脂肪，能够维持体温，起到缓冲作用。

小汗腺（外分泌腺）

几乎遍布全身，起着调节体温的作用。从外分泌腺中分泌出来的汗液包含 99% 的水分，剩下的 1% 则由盐分、氨基酸、尿酸等代谢物组成。天气炎热或者运动时会分泌汗水。

皮下脂肪

据最近的研究显示，皮下脂肪和真皮的状态有着一定的关联性。

覆盖在我们身体表面的皮肤会抵抗来自外部的各种刺激与攻击，从而保护我们的身体，维持整个身体的正常运转。皮肤大致可分为“表皮”“真皮”“皮下组织”三层结构，每一层都具备独特的功能。尤其是表皮和真皮，它们肩负着打造“美肌”的重大责任。

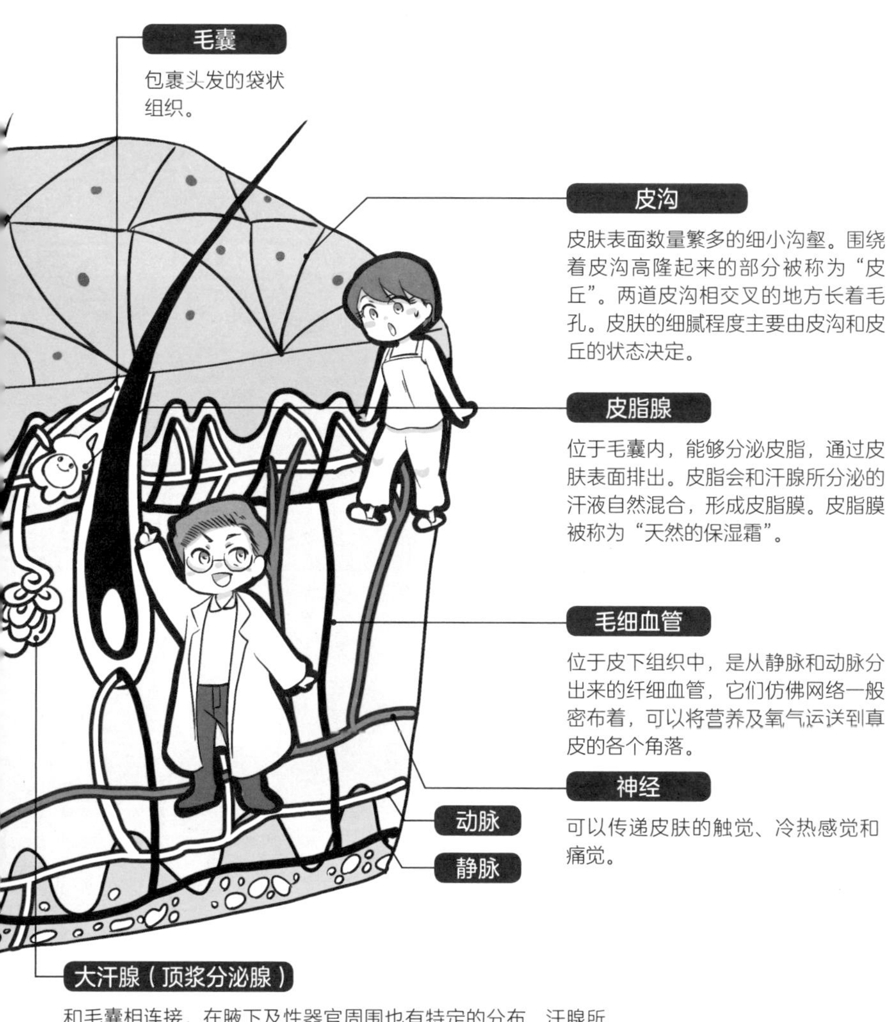

毛囊
包裹头发的袋状组织。
皮沟
皮肤表面数量繁多的细小沟壑。围绕着皮沟高隆起来的部分被称为“皮丘”。两道皮沟相交叉的地方长着毛孔。皮肤的细腻程度主要由皮沟和皮丘的状态决定。
皮脂腺
位于毛囊内，能够分泌皮脂，通过皮肤表面排出。皮脂会和汗腺所分泌的汗液自然混合，形成皮脂膜。皮脂膜被称为“天然的保湿霜”。
毛细血管
位于皮下组织中，是从静脉和动脉分出来的纤细血管，它们仿佛网络一般密布着，可以将营养及氧气运送到真皮的各个角落。
神经
可以传递皮肤的触觉、冷热感觉和痛觉。
动脉
静脉
大汗腺（顶浆分泌腺）
和毛囊相连接，在腋下及性器官周围也有特定的分布。汗腺所分泌的汗液含有水、蛋白质及脂质等物质，还包含很多气味独特的物质。

表皮与真皮的结构

接下来，我们看看支撑着皮肤的表皮和真皮各自起到了哪些作用。

在我们的皮肤内部，细胞每一天都在不停地“重生”。

皮脂膜
天然的保湿霜。

细胞间脂质
神经酰胺。
（第 107 页）

表皮
由厚度各不相同的四层结构构成。

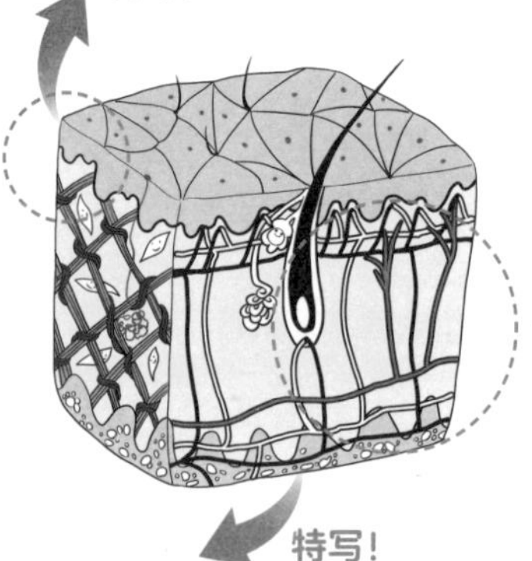

真皮
真皮含有成纤维细胞，会制造出维护皮肤弹力和张力的纤维质。

朗格汉斯细胞

角化细胞
（角质细胞）

基底膜
连接表皮和真皮的一层纤薄的薄膜，厚度约为 0.1 微米。

弹性蛋白

胶原蛋白

基质
透明质酸等。

保护皮肤的两大屏障

角质细胞◀包含天然保湿因子（NMF）

角质层

角质细胞像砖瓦一样堆叠起来。角质层能够阻挡来自外部的刺激，还能防止水分蒸发。

颗粒层

随皮肤的新陈代谢（第72页、第78页），颗粒细胞逐渐变为角质细胞。

有棘层

通过细胞分裂，从基底层产生了有棘细胞，这些细胞构成了有棘层。这一层中的朗格汉斯细胞与免疫有极大关联。

基底层

基底层产生的角化细胞占据表皮的绝大部分。基底层中还包含制造黑色素的黑色素细胞。基底层可通过基底膜向存在于真皮中的血管汲取营养和酶。

真皮

黑色素细胞（黑素细胞）

成纤维细胞

第一道屏障

▼

角质层

能够阻挡来自外部的刺激，还能防止水分蒸发。

第二道屏障

▼

肌肤水坝

存在于颗粒层中的屏障。能够帮助角质层的pH（第200页）处于弱酸性，同时还能有效保证细胞间脂质及天然保湿因子合成、代谢的正常运转。

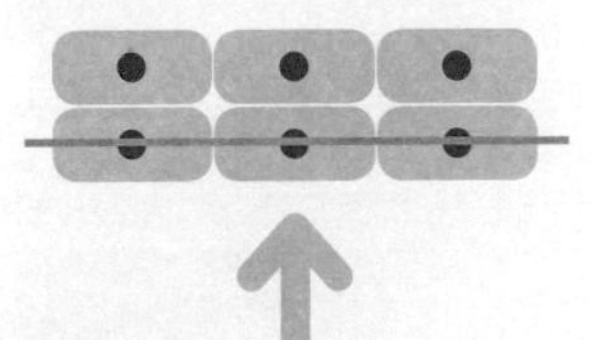

肌肤水坝可以保证正常的皮肤细胞之间紧密连接在一起，以便有效锁住水分。

支撑美肌的细胞们

在我们的皮肤内，一共有 5 种美肌细胞会起到极其重要的作用。让我们来看看它们是如何工作的。

1

角化细胞（角质细胞）

栖息地

- 表皮（基底层～角质层）

特征

- 活力四射！在基底层开始进行细胞分裂，接下来逐渐改变形态，生命周期约 28 天。

2

黑色素细胞（黑素细胞）

栖息地

- 表皮（基底层）

特征

- 特殊专家！黑色素细胞制造的“黑色素”，可以保护皮肤不受紫外线伤害。

3

朗格汉斯细胞

栖息地

- 表皮（有棘层）

特征

- 皮肤巡警！日常的巡逻工作是找出可疑分子，非常可靠。一旦发现外敌便会拉响警报，准备作战。

成纤维细胞

栖息地

- 真皮

特征

- 它们是制造出胶原蛋白、弹性蛋白、透明质酸等物质的美肌之源！这些成分都能使肌肤富有张力和弹性。

皮脂腺细胞

栖息地

- 毛囊内的皮脂腺

特征

- 通过积攒油脂成长，爆开后形成皮脂。

美肌细胞的工作

1

我们先来看看角质细胞吧。角质细胞产生于表皮最下层的基底层之中。它们的形态每天都在不断变化，并且逐渐向表层上升。最后它们会成为已死亡的角质，保护我们的皮肤，并且最终变为污垢脱离我们的皮肤。角质细胞的一生，正是决定肌肤的水分量和细腻程度的关键！

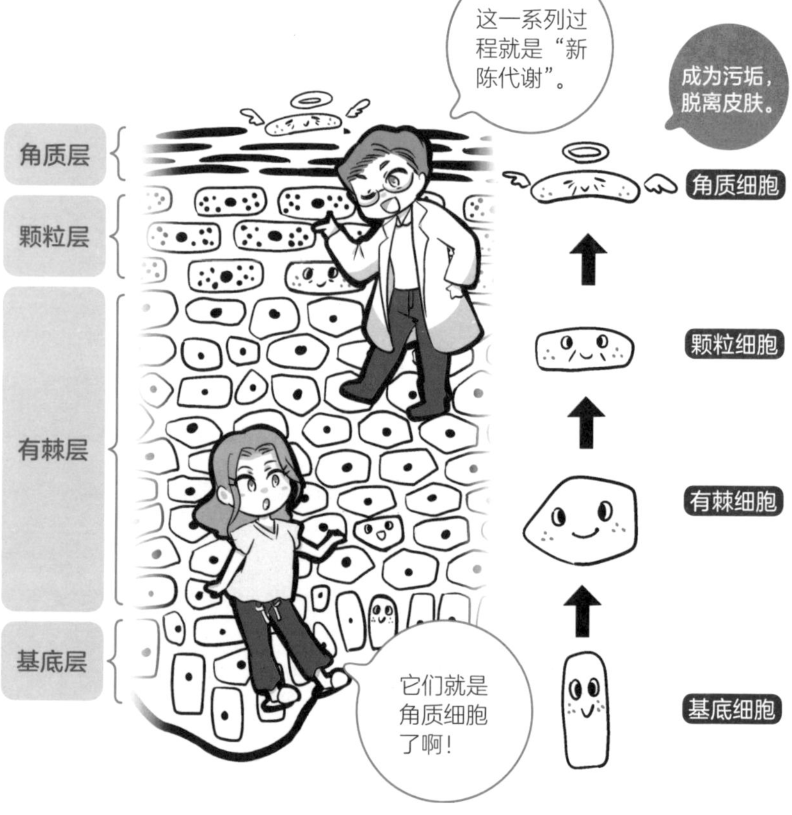

2

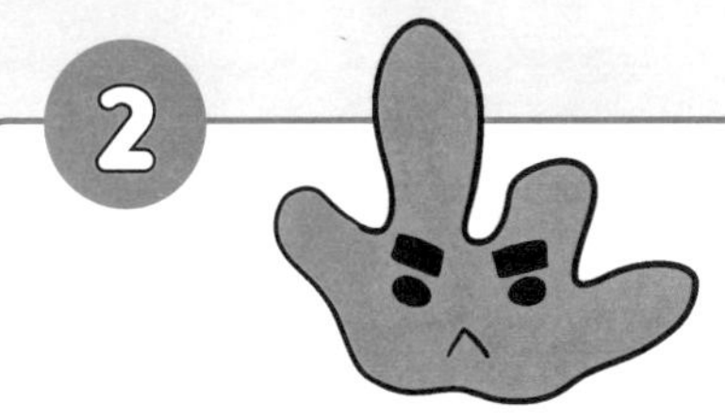

黑色素细胞
（黑素细胞）

在角质细胞进行新陈代谢的过程中，黑色素细胞起着至关重要的作用。我们的皮肤中含有 DNA，黑色素细胞需要保护其中的遗传物质不受紫外线的侵害，所以它们每一天都在努力制造“黑色素”，并将它们运送给角质细胞。这些黑色素起到了为皮肤撑起“阳伞”的作用。角质细胞一边“撑阳伞”，一边进行新陈代新，大约以 28 天为周期，离开皮肤。

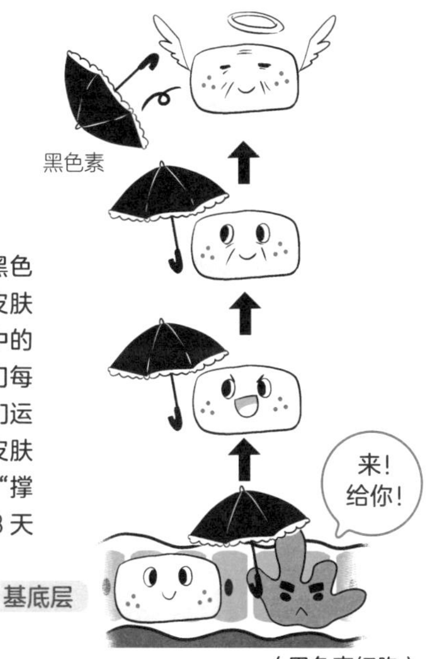

进一步说明

黑色素是以黑色素细胞中一种名为“酪氨酸”的氨基酸为材料生产出来的。接下来想要使酪氨酸变为黑色素，还需要“酪氨酸酶”这种酶。酪氨酸通过酪氨酸酶被氧化，变为多巴、多巴醌，再经过几重反应之后，最终变成了黑色素。也就是说，如果没有酪氨酸酶，就无法产生黑色素。因此，很多美白成分都是以这种酪氨酸酶为攻克目标的。

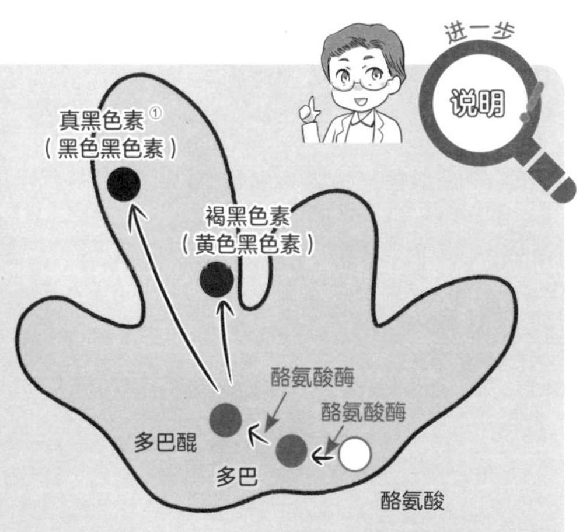

① 黑色素有两个类型，它们需要互相结合才能最终成形。这两种黑色素的比例决定了我们皮肤和头发的颜色差异。

3

朗格汉斯细胞

朗格汉斯细胞是一种防止异物入侵的免疫细胞，它可以在表皮内部自由行动，同时具备两种功能。

朗格汉斯细胞的主要工作

异物
（细菌、化学物质等）

朗格汉斯细胞能够提早察觉到有异物入侵皮肤。

它会抱紧异物，控制住它。

它抱着异物移动到真皮，通知T细胞①异物入侵的消息。

T细胞进入待战状态，它们会攻击异物，防止其入侵体内。此时朗格汉斯细胞会回到表皮，继续巡逻。

除以上工作外，朗格汉斯细胞还能够缓和紫外线及干燥等对皮肤造成的刺激。不过，因为朗格汉斯细胞不包含黑色素，所以它其实非常害怕紫外线。过量的紫外线会减少朗格汉斯细胞的数量，从而导致皮肤免疫力降低。与此同时，老化也可导致朗格汉斯细胞功能减退。

① T细胞是人体内冲在最前线攻击入侵异物的主力部队。

成纤维细胞位于真皮之中。它所产生的物质之一就是“透明质酸”。透明质酸就像一个“水床”，没有弹簧支撑会下沉。此外，成纤维细胞还会制造“胶原蛋白”，令其起到弹簧的效果，还会生产出将胶原蛋白捆扎起来的“弹性蛋白”，为自己创造出舒适的环境。成纤维细胞的生存环境和我们皮肤的张力与弹性大有关联。

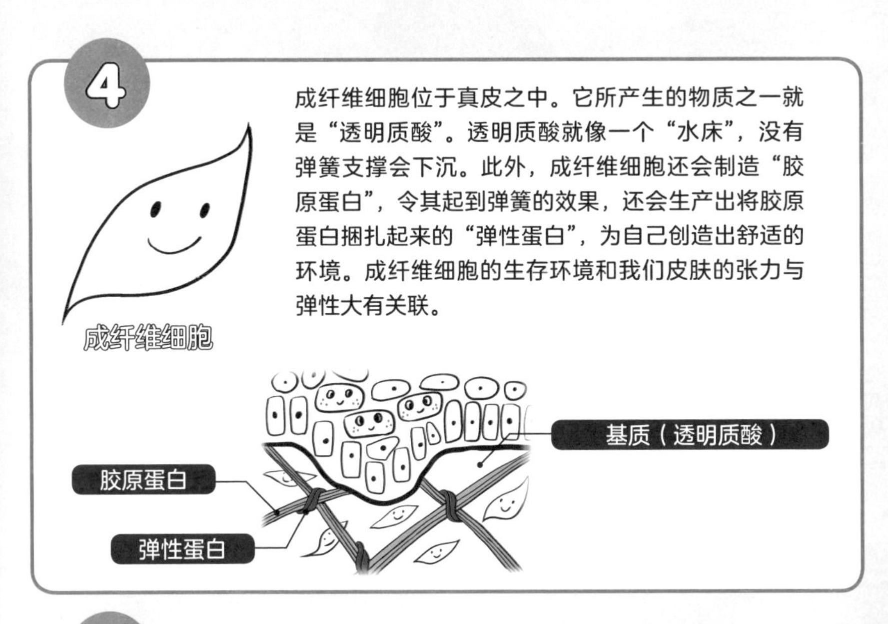

皮脂腺细胞存在于毛囊内的皮脂腺中。它通过蓄积脂类来长大，又以成熟爆开的方式分泌皮脂。皮脂和汗液混合能够形成天然的保护膜，这被称为皮脂膜。

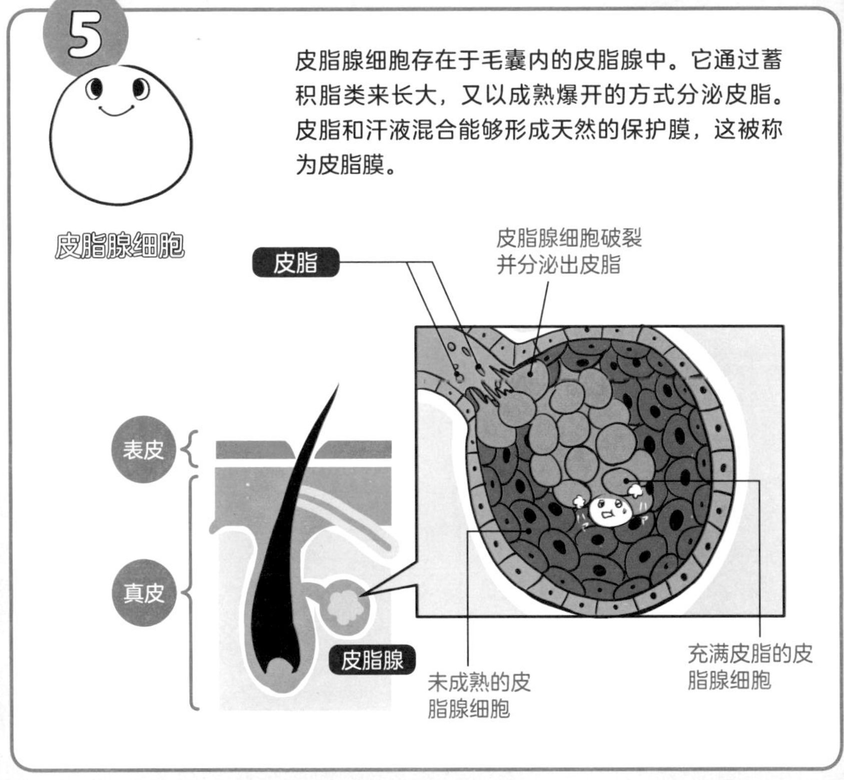

皮肤原来是这个样子的呀！
黑色素竟然是“阳伞”，美肌细胞们真优秀。
啪
化妆品能够渗透到皮肤的哪一层呢？
在化妆品广告里
渗透皮肤深处（*）
*角质层
感觉好像见过，但又没什么印象了。
是不是常看到这样的内容呢？
角质层是表皮最外面的一层？只有一张保鲜膜那么薄？
只有 0.02 毫米？
是呀是呀。
在日本，化妆品的效果规定为
“渗透到角质层为止”。因为是法律规定，所以一般认为
化妆品只能渗透到角质层！
话虽如此，但是化妆品使用成分众多，所以从资料上来看，
也有了一些产品的
效果可以达到基底层或真皮。
DATA
这样啊？
可以每天安全地使用化妆品，这是最重要的一点！
所以化妆品会对已经死亡的细胞，也就是角质起作用，或者对头发起作用，这些都已经获得允许了。
但是对“活着的细胞”产生作用，这一点原则上是不应该的。

美白剂能够作用到黑色素细胞生存的基底层中。在除皱产品中，也有可以浸透到真皮的类型。
表皮
真皮
皮下组织
能够渗透到
层以下，那
以说这种产
经远远脱离
款化妆品的
。
化妆品开发这门技术也在不断进步，实际能够起到更深层次效果的产品有很多。
例如，一部分医药部外品中的成分能够对真皮或基底层产生效果，这种效果也是能够获得认可的。
可是如果只渗透到角质层的话，涂抹再多不也是徒劳吗？
即便无法直达位于基底层的黑色素细胞，
但只要能对下命令制造黑色素的角质细胞产生影响，
也就可以间接影响到黑色素细胞了。
前文中提到的
那样，皮肤的细
胞之间会交流，
互相帮助。
皮肤拥有维持自身状态稳定的功能，所以如果能保护第一道屏障——角质层的安全，
以免细胞受到来自紫外线及活性氧的伤害，我们的细胞就会很快恢复常态，皮肤也会变得更美！
这也正是护肤品的长项！
就算不去勉强渗透到更深的层次，
只要能正确做好护肤，就可以解决皮肤问题！

皮肤的结构问与答 Q&A

Q 表皮的新陈代谢周期是28天还是45天？

A 其实二者都是对的。这取决于我们从哪一步开始计算天数。如果从基底细胞进行细胞分裂开始计算，一个周期大概就是45天。如果从基底层向有棘层移动开始计算，一个周期大概就是28天。

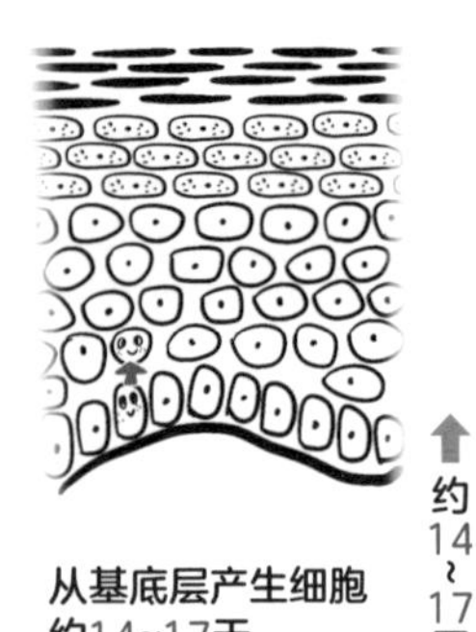

从基底层产生细胞约14~17天。

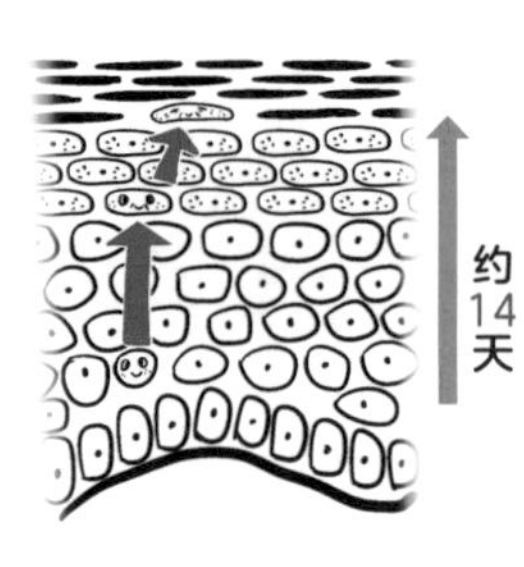

细胞们大约花费14天时间，逐渐上行至角质层。

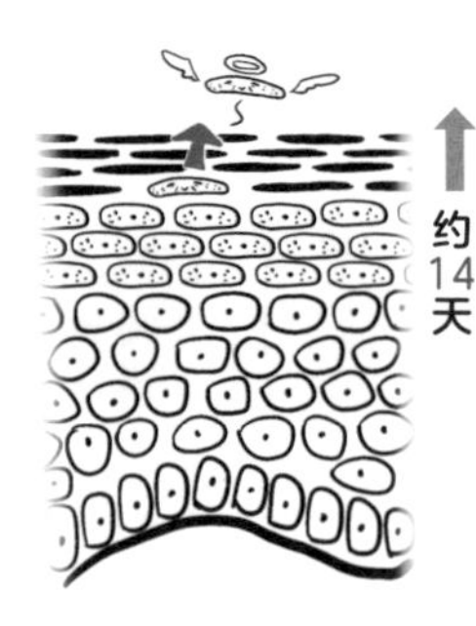

再花费14天，成为污垢脱离皮肤。

根据皮肤的具体位置和每个人的具体情况，上述周期的时间并不固定。只要明白表皮是在不间断地“推陈出新”就可以了。其实只要掌握大概的天数即可。

第五章

针对皮肤的烦恼和问题，选择化妆品成分的方法

了解了皮肤的结构和作用后，接下来，我们要开始了解那些能够解决各种皮肤问题的“救星成分”——美容成分。在这一章中，我们将从皮肤问题出发，分别介绍美容成分的选择方法和使用方法。

你的烦恼是什么

皮肤的烦恼和问题因人而异。

首先，我们应该了解产生问题的根本原因，然后再寻求对策。

针对皮肤问题进行有效护理和预防，努力向“零烦恼”的肌肤迈进吧！

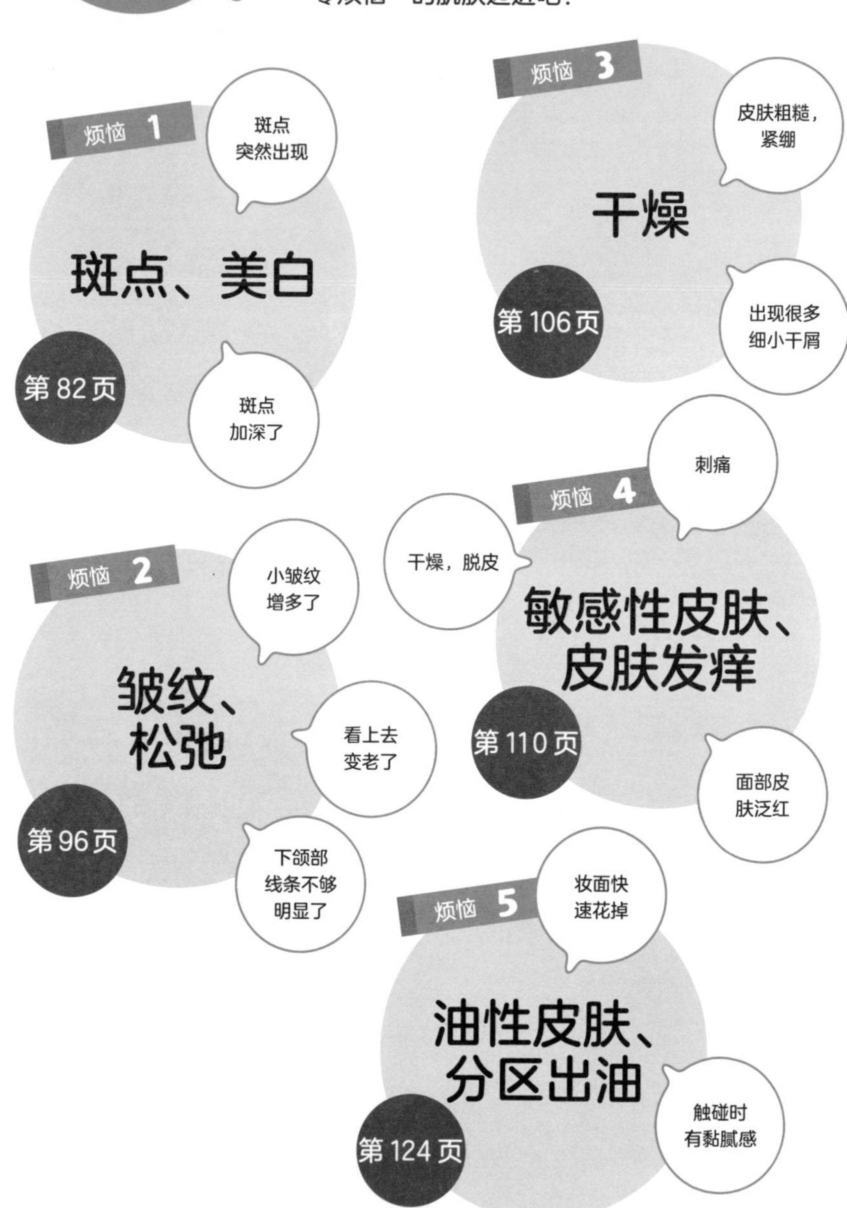

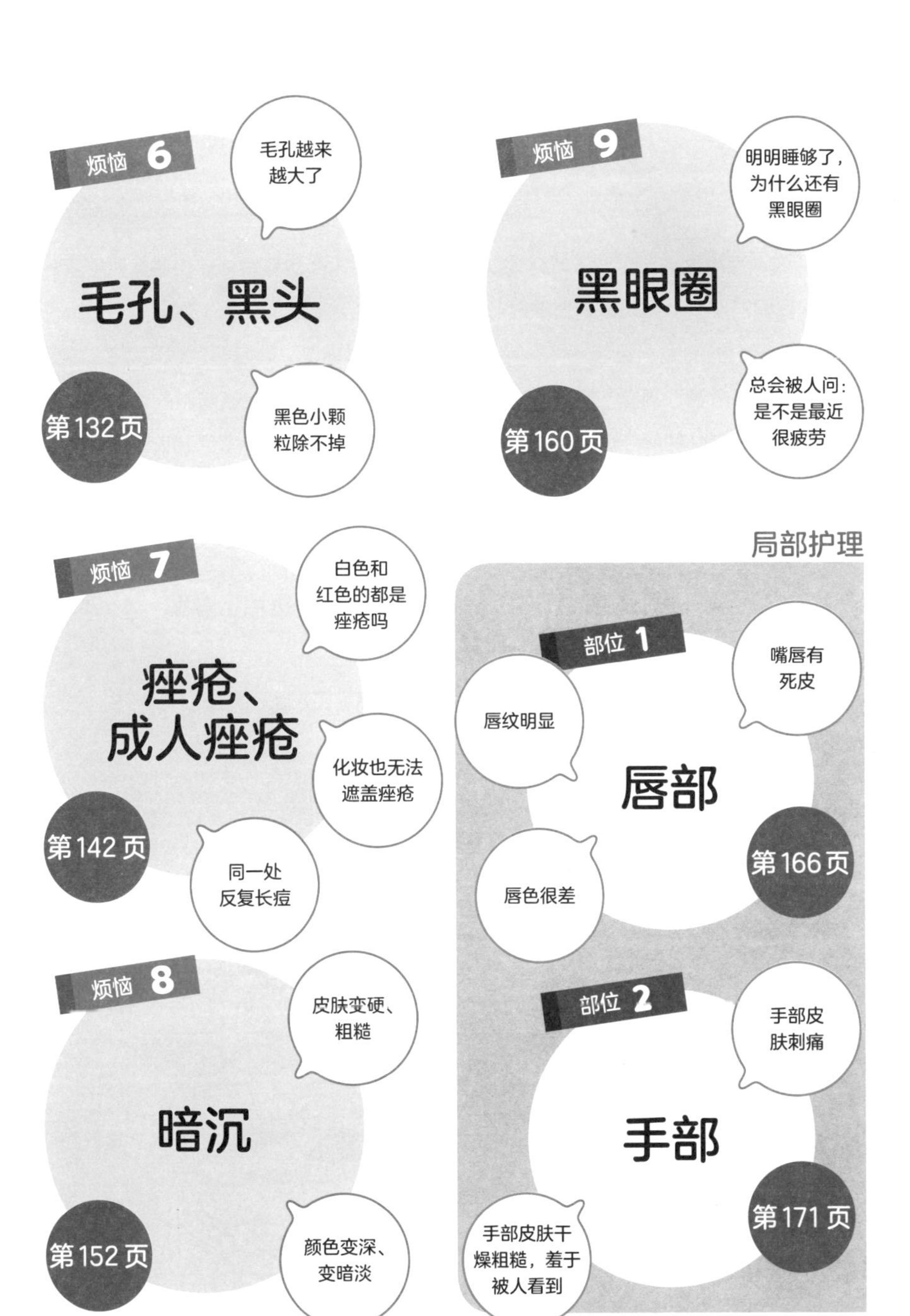
烦恼 6
毛孔越来越大了
毛孔、黑头
黑色小颗粒除不掉
第132页
烦恼 9
明明睡够了，为什么还有黑眼圈
黑眼圈
总会被人问：是不是最近很疲劳
第160页
烦恼 7
白色和红色的都是痤疮吗
痤疮、成人痤疮
化妆也无法遮盖痤疮
同一处反复长痘
第142页
烦恼 8
皮肤变硬、粗糙
暗沉
颜色变深、变暗淡
第152页
局部护理
部位 1
嘴唇有死皮
唇纹明显
唇部
唇色很差
第166页
部位 2
手部皮肤刺痛
手部
手部皮肤干燥粗糙，羞于被人看到
第171页

烦恼 1

斑点、美白

为何会长斑

形成斑点的最大原因在于紫外线。虽然紫外线对人类也有益处，但过度照射紫外线会使我们的皮肤受到伤害。盛夏时节在太阳下暴晒，皮肤会变黑，变黑其实是黑色素在保护我们的细胞。受紫外线影响，黑色素会暂时增多，起到黑色遮阳板的作用，这也就形成了所谓“晒黑”的情况。一般情况下，变黑的皮肤会随着新陈代谢变为污垢脱离身体，皮肤的颜色也会逐渐回到原本的肤色。但是，如果黑色素长时间集中于某个地方，就会形成斑点。

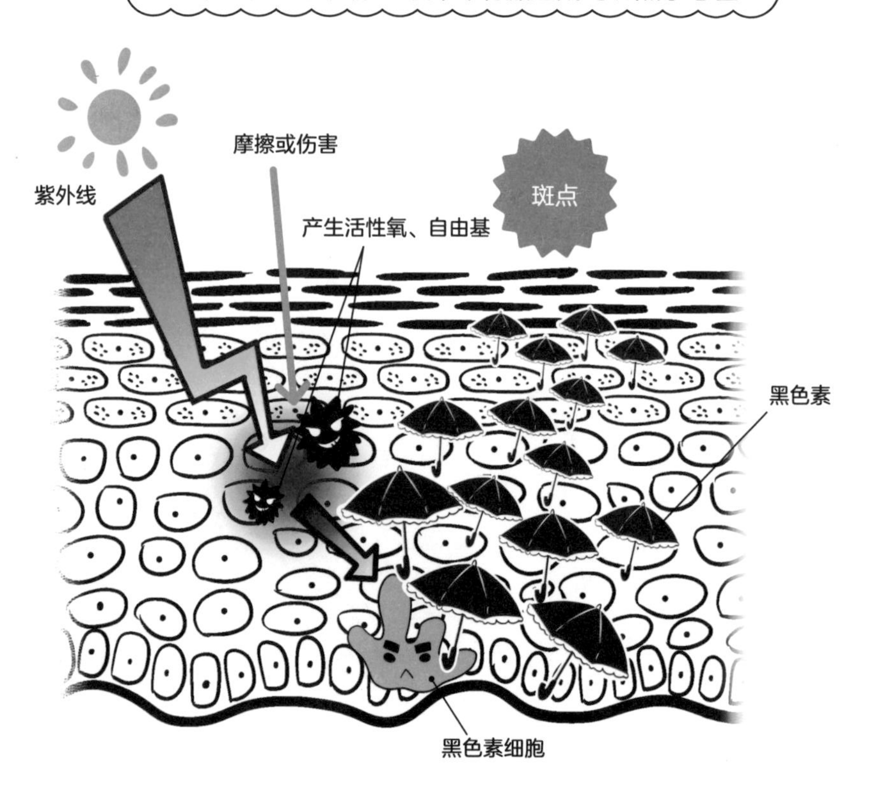

斑点的种类和护理方法

斑点有很多种类，紫外线造成的老年性色素斑一般被称为“色斑”。不过，很多斑点虽然看上去很相似，但其实属于不同类型。大部分美白护肤品都是针对这种紫外线造成的斑点。

因为斑点的类型不同，所以当我们使用美白护肤品祛除斑点时，有时不仅看不到成效，甚至还可能起到反作用，使斑点进一步恶化。我们首先应该正确分辨自己的斑点属于哪种类型，再采取正确的护理和治疗方法。

炎症后色素沉着

一系列炎症过后的痕迹（如痤疮、擦伤、虫咬等）会变成褐色的斑点，这就是炎症后色素沉积。一般情况下，这种斑点的颜色会逐渐变淡，不过每个人体质不同，也会出现始终无法消失的情况。而且，这种斑点接触紫外线后容易恶化。

雀斑

雀斑大多是遗传型斑点。一般从鼻子到两颊呈现散乱碎点状，是一种较小的黑色斑点。受紫外线影响，数量会增多，甚至颜色变深。一般从十几岁开始出现，青春期结束后会逐渐变淡。

黄褐斑

30～40岁左右的女性易发。这是一种因激素失调而产生的淡褐色或灰色的模糊斑点。绝经后黄褐斑颜色逐渐变淡。常对称出现在两侧颧骨部位，也可能会扩散至额头和嘴唇周边。

老年性色素斑（日光性黑子）

斑点中最常见的就是老年性色素斑了。虽然前缀是“老年性”，但其实很多20～30岁的人一样也受其困扰。因为这种斑点通常是由紫外线照射产生的，所以颧骨凸出部位以及太阳穴部位比较容易产生。这类斑点通常为棕色，轮廓清晰。

有效的护理方法是什么？

炎症后色素沉着： 美白护肤品针对这类斑点比较有效。去角质也比较有效。日常需注意皮肤不要被虫叮咬，如果被叮咬，切记不可抓挠被叮咬处。抗炎、抗紫外线护理也很必要。大部分人不做特殊处理，数月后这种斑点基本也可以消失。

雀斑： 很多美白护肤品并不能解决雀斑问题，因为雀斑很容易因照射紫外线出现恶化，所以防晒是很有必要的。除美白护肤品外，激光治疗和光子嫩肤也有一定效果，但也有可能复发。

黄褐斑： 使用含有凝血酸的美白护肤品可以有效对抗轻度的黄褐斑。因为黄褐斑容易在照射紫外线后加重，所以需要注意防晒。除美白护肤品外，口服凝血酸产品也同样有效。使用激光治疗容易导致黄褐斑恶化，切记！

老年性色素斑： 初期的极浅淡类型可以使用美白护肤品和刷酸来解决。不过首先应注意防晒，做好抗氧化、抗炎的工作，牢记预防第一！除美白护肤品外，激光治疗同样有效，不过治疗后可能会再次出现色素沉着现象，一定要多加注意。

为何紫外线会促使斑点出现

（详细内容请参考第 72 页“美肌细胞的工作”）

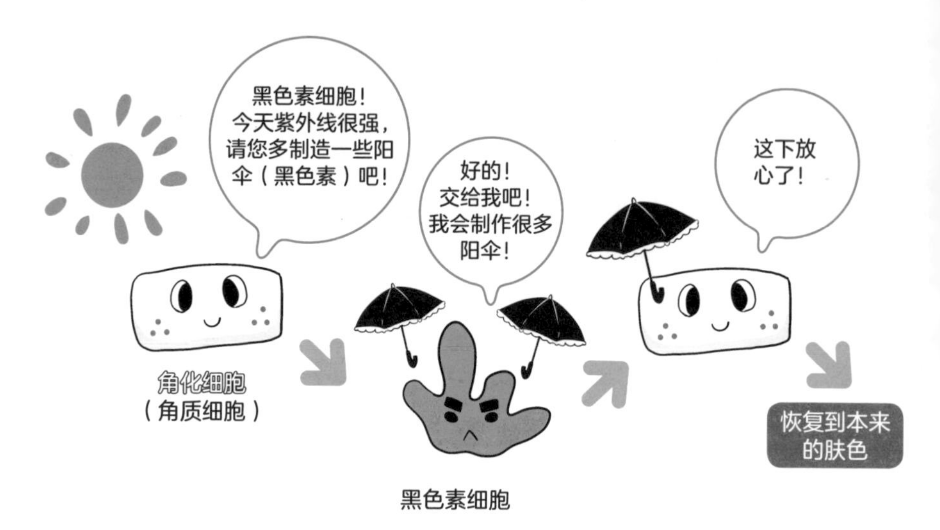

如果长时间受到紫外线照射，或者局部位置受较强紫外线照射……

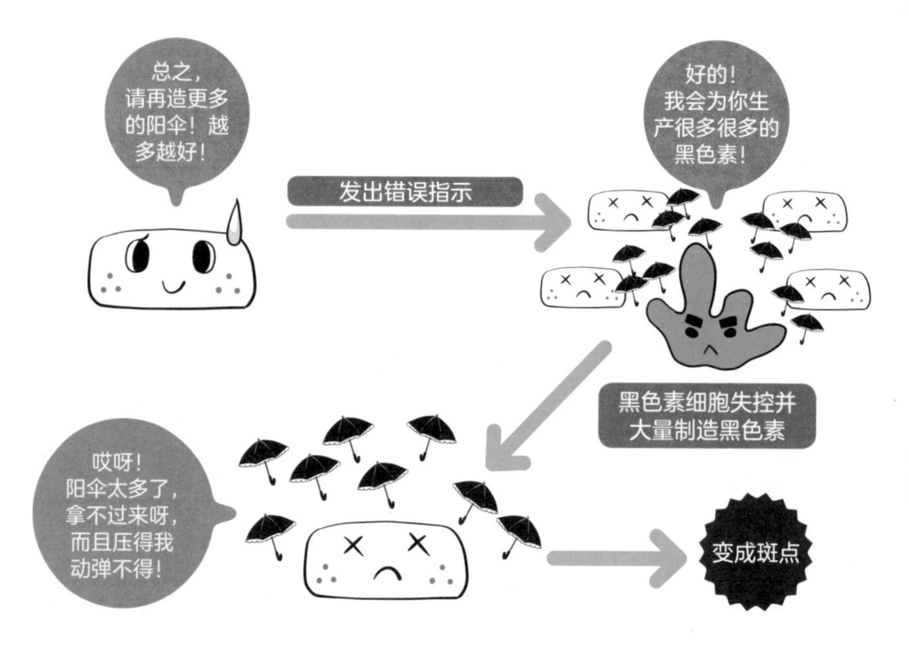

黑色素与斑点的形成有很大关系。
针对黑色素产生的不同阶段，美白护肤品可大致分为 4 大类型。

1 停止要求制造更多黑色素的错误指示

➡ 母菊提取物、凝血酸、传明酸十六烷基酯

2 抑制黑色素的过度产生

（抑制酪氨酸酶的活性）

➡ 维生素 C 衍生物、曲酸、熊果苷、鞣花酸、4-正丁基间苯二酚、亚油酸、4-甲氧基水杨酸钾、二丙基联苯二醇

3 封锁黑色素的运输

➡ 烟酰胺

4 促进多余黑色素代谢

➡ 磷酸腺苷二钠、PCE-DP

针对淡斑有效的 4 类美白成分 + 其他成分

以下成分名为医药部外品标识名称，( ) 内为通称 ▶表示制造商独自开发且获得专利的成分，其他公司无法使用

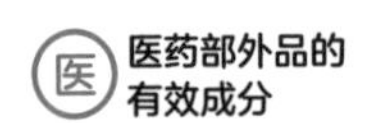

白野实推荐

1 停止要求制造更多黑色素的错误指示

母菊提取物（母菊 ET）

提取自菊科植物母菊的一种专属美白成分。该成分能够抑制内皮素这种信息传递物质，因为内皮素会促成黑色素的产生。

凝血酸（m-凝血酸）

推荐敏感肌使用！

重点是和其他美白成分并用

这种成分是一种人工合成的氨基酸，原本在医药行业使用，作为止血剂及抗炎剂。资生堂将凝血酸开发成为一种美白成分后，现在被众多制造商使用。它对黄褐斑有奇效，同时也可内服。

传明酸十六烷基酯（TXC、凝血酸衍生物）

▶香奈儿

被皮肤吸收后，这种成分会变化成为凝血酸，能够持续且循序渐进地产生效果。

2 抑制黑色素的过度生成

抗坏血酸磷酸酯镁、抗坏血酸磷酸酯钠（APM、APS、维生素 C 衍生物）

医

从经验来看，此类护肤品中的维生素 C 能够发挥一定效果。而且它还能起到让黑色素还原及无色化的效果

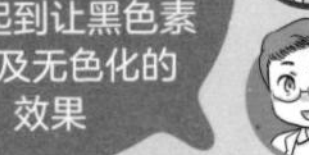

这是一种维生素 C（抗坏血酸）衍生物。当它被皮肤吸收时，磷酸会从中脱离，剩下维生素 C 来抑制黑色素的制造活动，也被称为即效型维生素 C。抗坏血酸磷酸酯镁由武田药品工业开发，抗坏血酸磷酸酯钠则由佳丽宝开发，现在有非常多的制造商使用这种成分。

抗坏血酸葡糖苷（维生素 C 衍生物）

维生素 C（抗坏血酸）衍生物的一种。当它被皮肤吸收时，葡糖苷会从中脱离，剩下维生素 C 来抑制黑色素的制造活动。它被称为持续性维生素 C。该成分由资生堂及加美乃素本铺开发，现在已被众多制造商广泛使用。

3-邻-乙基抗坏血酸（乙基抗坏血酸、维生素 C 衍生物）

这种维生素衍生物能够防止长波紫外线（UVA）带来的即时皮肤黑化。由资生堂开发，现在已被众多制造商使用。

曲酸

曲酸多存在于制造味噌及酱油时使用的曲霉发酵液中。它能对制造黑色素不可或缺的酶——酪氨酸酶产生作用，从而抑制黑色素的产生。它由三省制药开发（三省制药同时也是曲酸原料制造商）。

熊果苷（β-熊果苷、氢醌衍生物）

熊果苷提取自熊果叶。它能对制造黑色素不可或缺的酶——酪氨酸酶产生作用，从而抑制黑色素的产生。由资生堂开发，现在已被众多制造商广泛使用。另外还有一种名为 α-熊果苷的成分，也被用于化妆品之中。

鞣花酸

鞣花酸属于单宁的一种，它存在于刺云实（产自秘鲁的一种豆科植物）、草莓、苹果中。它能对制造黑色素不可或缺的酶——酪氨酸酶产生作用，从而抑制黑色素的产生。由狮王开发，现在已被众多制造商广泛使用。

4-正丁基间苯二酚（噜忻喏）

医 ▶ 宝丽

西伯利亚冷杉中的一种成分。它能对制造黑色素不可或缺的酶——酪氨酸酶产生作用，从而抑制黑色素的产生。由宝丽开发。

亚油酸

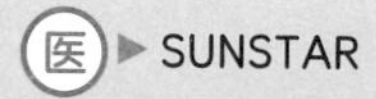

红花中含有大量的亚油酸，它是不饱和脂肪酸的一种，能对制造黑色素不可或缺的酶——酪氨酸酶产生作用，从而抑制黑色素的产生。由 SUNSTAR 公司开发。

4-甲氧基水杨酸钾（4-MSK）

4-甲氧基水杨酸钾能够对制造黑色素不可或缺的酶——酪氨酸酶产生作用，从而抑制黑色素的产生。同时，它还能协助蓄积的黑色素有效排出体外。由资生堂开发。

二丙基联苯二醇（厚朴木脂素）

该成分存在于厚朴木中，属于多酚的一种。能够对制造黑色素不可或缺的酶——酪氨酸酶产生作用，从而抑制黑色素的产生。由佳丽宝开发。

③ 封锁黑色素的运输

烟酰胺

它是维生素 B_3 衍生物。它能够阻止黑色素细胞将制造出的黑色素传递给角质细胞。由宝洁开发。

④ 促进多余黑色素代谢

磷酸腺苷二钠（AMP）

该成分能够提高细胞内的能量代谢，从而促进表皮的新陈代谢，排出黑色素。由大塚制药开发。

右泛醇（PCE-DP）

它是由宝丽开发的最新美白成分。它能改善角质细胞的能量代谢，促进新陈代谢。同时还能将细胞中的黑色素分解、消化。

其他类别

推荐敏感肌使用！

（动物）胎盘蛋白 医

该成分提取自猪等动物的胎盘，这种提取物中富含氨基酸及矿物质。有研究称其能够抑制黑色素生成、促进黑色素排出体外，不过关于胎盘蛋白的不明细节还很多。有很多制造商在使用这种成分。

需特别注意的成分

氢醌

氢醌被称为“皮肤漂白剂”，该成分效果过强，过去只有医疗机构才有资格使用这种成分，所以它并未作为美白有效成分获得承认。使用高浓度氢醌时，可能会和杜鹃醇一样产生“白斑”一类的副作用，需要特别注意。

美白护肤品的选择方法及使用方法要点

最有效的美白对策，就是防止斑点的生成！在斑点出现之前就阻止它，这是美白护理的基本原则。防晒产品不能只涂抹在自己比较关注的部位上，而是应该均匀涂抹于面部。此外，使用具有防晒效果的乳液，或者一些有防晒功能的化妆产品也大有帮助。

POINT 1

美白护肤品和
防晒产品不是只有
夏天才需要用，
请一年四季
坚持使用

POINT 2

如果在白天
高度照射紫外线，
那么当天晚上的
护理就变得尤为
重要了

POINT 3

美白成分究竟作用在
哪些地方呢？
了解这些，能够更
合理地使用各种
美白产品

POINT 4

以一个月为期限，
如果没有效果
那就试试其他的
办法

POINT 5

组合使用作用于不同
部分的成分，
以及不同品牌的
商品

美白护肤品问与答 Q&A

美白护肤品真的对斑点有效吗？

说实话，美白护肤品并没有大家所期待的那样有效，从没听说过美白护肤品能彻底祛除斑点。过去我也曾在社交网络上发起过名为“美白护肤品效果”的问卷调查，总计 5659 张投票中，有高达 65% 的投票者选择了“无效”。

美白护肤品并不是药物，所以并不能使斑点立即消失。它也无法改变皮肤的结构，只能以缓慢改善皮肤状态为目标。不过根据我的个人经验，也有一些坚持使用一段时间后斑点变淡，甚至彻底消失的案例。我们常听到有人说“用了美白产品，斑点反而加深了”，其实这正是该产品起效的证据。将美白产品涂抹在斑点上时，斑点周围的皮肤颜色会先变淡，在此衬托下，我们才会产生斑点颜色变深了的错觉。有不少人产生这种误会之后就没有再坚持用下去，但是如果再坚持使用一段时间，斑点的颜色可能也会变淡。

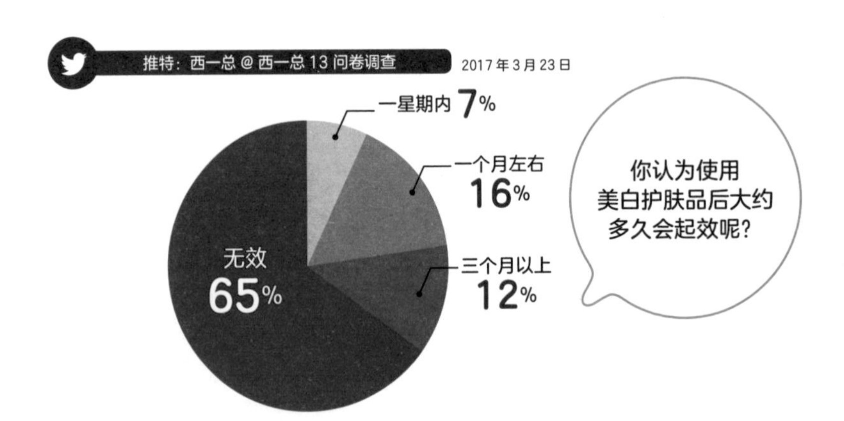

本应是安全的护肤品，为何使用后会出现白斑呢？

美白成分中也有十分危险的物质，如过去佳丽宝公司的化妆品中曾经使用的“杜鹃醇”，这种成分会引发“白斑”。杜鹃醇能够代替酪氨酸与酪氨酸酶进行反应，从而发挥它的美白功效，但是反应的副产物会攻击黑色素细胞，从而产生白斑。现在杜鹃醇已被禁止使用，各制造商也开始改用与其效果类似的其他成分了。

有些美白成分会与酪氨酸相竞争，抢夺酪氨酸酶，但并不是所有的美白成分都会像杜鹃醇一样，结合酪氨酸酶之后反而产生新的有毒成分。归根究底，酪氨酸酶每日都在皮肤内部认真工作，从“抑制”它的角度出发本身就不合理。所谓医药部外品，就应该以“每日放心使用”为大前提，所以厚生劳动省才只允许低浓度的添加量。出现白斑问题的主要原因之一在于消费者不止使用了单一产品，将含有杜鹃醇的乳液、美容液、乳霜等层叠涂抹，令浓度变高，这才导致出现了白斑。

我不太推荐同一品牌的同类产品叠加使用这种做法。医药部外品一般都属于可安全地长期持续使用的产品，但是在做安全性试验的时候，都是针对单独的某一种产品进行测试的，所以将几种含有相同成分的产品叠加使用时，安全性就成了未知数。根据情况不同，也有可能出现效力过强的情况。

最完美的美白护理方法，就是彻底隔绝紫外线，不受其伤害。但是这种做法在日常生活中是绝对无法实现的。而且因为惧怕紫外线就选择足不出户，这种人生也并不快乐。当表皮与真皮相连接的基底膜破裂，伤害直达真皮时，黑色素就无法通过新陈代谢排出体外了，所以在遭受恶劣伤害前，最重要的还是“预防”。如果已经产生了斑点，就需要带着耐心持续使用美白护肤品，慢慢改善。

什么是“维生素 C 衍生物”？

A 众所周知，维生素 C 是一种美肌与健康方面不可或缺的成分。但同时，它也极容易氧化，十分不稳定。直接涂抹维生素 C 的话，它很难渗透进皮肤。为了提高维生素 C 的稳定性和渗透性，并为其增添其他效果，于是将维生素 C 与其他一些部分（分子）相结合，这就成了“衍生物”。

维生素 C 的别名是“L-抗坏血酸”，如果在其中加入一种名为“葡萄糖苷”的分子，就会形成“抗坏血酸葡糖苷”，加入“磷酸酯镁”的话，则会形成“抗坏血酸磷酸酯镁”。这些分子能够使维生素 C 稳定下

抗坏血酸磷酸酯镁示意图

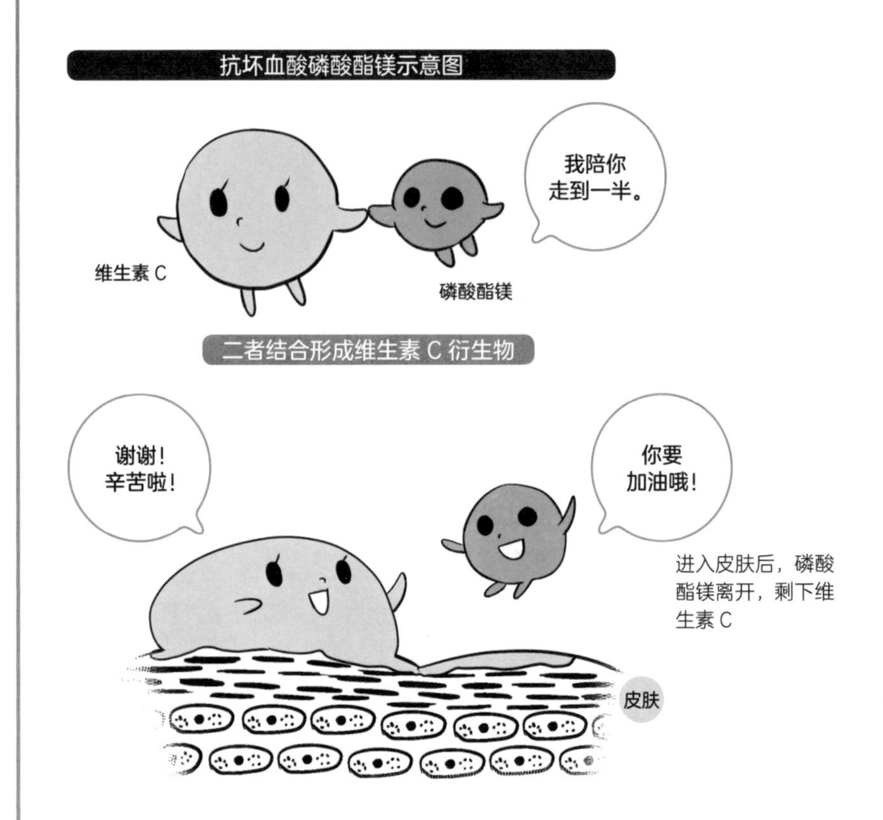

我陪你走到一半。
维生素 C
磷酸酯镁
二者结合形成维生素 C 衍生物
谢谢！辛苦啦！
你要加油哦！
进入皮肤后，磷酸酯镁离开，剩下维生素 C
皮肤

来，当皮肤中的酶开始工作时，“葡萄糖苷”或“磷酸酯镁”会脱离分子，只剩下“维生素C”来发挥它的效果。此外，分子的脱离方式不同，效果强弱及产生效果的速度也会出现差异。

此外，维生素C中添加“乙基”后形成的3-邻-乙基抗坏血酸则与上文提到的两种成分不同，将这种成分涂抹在皮肤上时，“乙基”并不会脱离，这种成分会在保持原结构的基础上发挥美白效果。它能够保持72小时有效，而且还具备维生素C没有的特质。比如，它能够防止皮肤受到强烈紫外线（UVA）照射后的突然变黑，以及数小时之后消失的反应（即时黑化）。

3-邻-乙基抗坏血酸示意图

二者结合形成维生素C衍生物

如上所述，“维生素C衍生物”有着各种各样的类型，不同类型的特征也各不相同。不过维生素C衍生物本身也具有抑制皮脂的效果，皮脂分泌原本就比较少的干性皮肤在使用时应多加注意。

我关于“斑点的记忆”

见过我的朋友都知道，我的脸上有着不少“老年性色素斑”。虽说前缀是“老年”，但是有些人早早在20～30岁就开始长了。我大概也是在二三十岁的年纪注意到自己脸上的斑点。

为什么会长这种斑点呢？原因可以追溯到我十几岁的时候。我从小皮肤就很白，头发颜色也是棕色。在当时还比较流行“小麦色的皮肤＝健康皮肤”价值观，而且我自己也觉得男孩子皮肤太白有点不太好。虽然也曾有女孩子羡慕我的肤色，但是我本人当时对自己的“白肤棕发”感到自卑。于是我只能跑到太阳下猛晒。当时还在坚持打网球，从来没涂过防晒霜（可能当时的男性都不太会涂防晒产品吧）。年轻的时候尚且能够把皮肤晒出自己满意的颜色，随着年龄逐渐增长就会出现斑点。

正如标题所述，今天的斑点其实就是记录过往生活的“证明”。越是肤色白、肤质细腻光滑的人，长斑点的概率就越高。话虽如此，但也不必因为不想长斑就彻底足不出户。如前文提到的那样，这样做的话人生会分外无趣。因此，才会出现护肤品。

只要认真且正确地涂抹防晒产品，我们完全可以尽情沐浴在灿烂的阳光下，并且在日晒后，使用添加抗炎成分和美白成分的产品护理皮肤，这样就能切实令“斑点的记忆”变得淡薄。化妆品是为了帮助大家度过更为丰富、更为美好的人生而来到大家身边的。正是因为如此，我们才应该认真学习正确的化妆品知识。

美白护理的关键，
在于“积极预防紫外线”，
以及“耐心地坚持”。
为了让美白效果更上一层楼，日常的皮肤护理也非常重要！

烦恼 2

皱纹、松弛

皱纹、松弛产生的原因

皮肤弹性能够极大程度地左右我们的外表年龄。皮肤基础——真皮之中的胶原蛋白及弹性蛋白所含的弹性成分，能够维护我们皮肤的弹性。年龄增长及紫外线等原因会导致皮肤丧失柔软度及弹性，随之产生松弛和沟壑，并变成“皱纹”。

干燥
干燥是产生细纹的原因。尤其是眼角等时常活动的部位，一旦缺乏水分就很容易产生皱纹。
吸烟
吸烟会导致大量活性氧的产生。有报告称，吸烟导致皱纹产生的风险，要比照射紫外线还高出 5.8 倍①。
紫外线
UVA
UVB
UVC
所谓皮肤老化，其实八成都是光老化。遭受紫外线照射后，皮肤产生皱纹的风险是平时的 2.65 倍②。
年龄增长
随着年龄的增长，细胞的工作能力变低，从而出现皱纹、松弛，皮肤逐渐丧失弹力。

① 以每日一盒，连续吸烟 35 年为前提。
② 以每日照射日光时长超过 2 小时为前提。

真皮受创形成皱纹的示意图

（详细说明请参考第四章“皮肤的结构”）

年轻人的皮肤水润、有弹性，这是因为皮肤内部的细胞分裂活动十分旺盛，不断循环的新陈代谢能够维持皮肤的柔软性和弹性。美肌之源——胶原蛋白、透明质酸、弹性蛋白，都是由存在于真皮之中的成纤维细胞制造出来的。随着年龄的增长，成纤维细胞的生产力逐渐下降，同时，它还会在紫外线及活性氧的影响下改变性质并减少数量。于是，我们的表皮逐渐失去支撑力，一些浅纹也日益加深，并最终变成极为明显的皱纹。而且，据最近的研究表明，成纤维细胞与更下一层的皮下组织间区域的状态，以及皮下脂肪增加等，都有可能使真皮的状态进一步恶化。

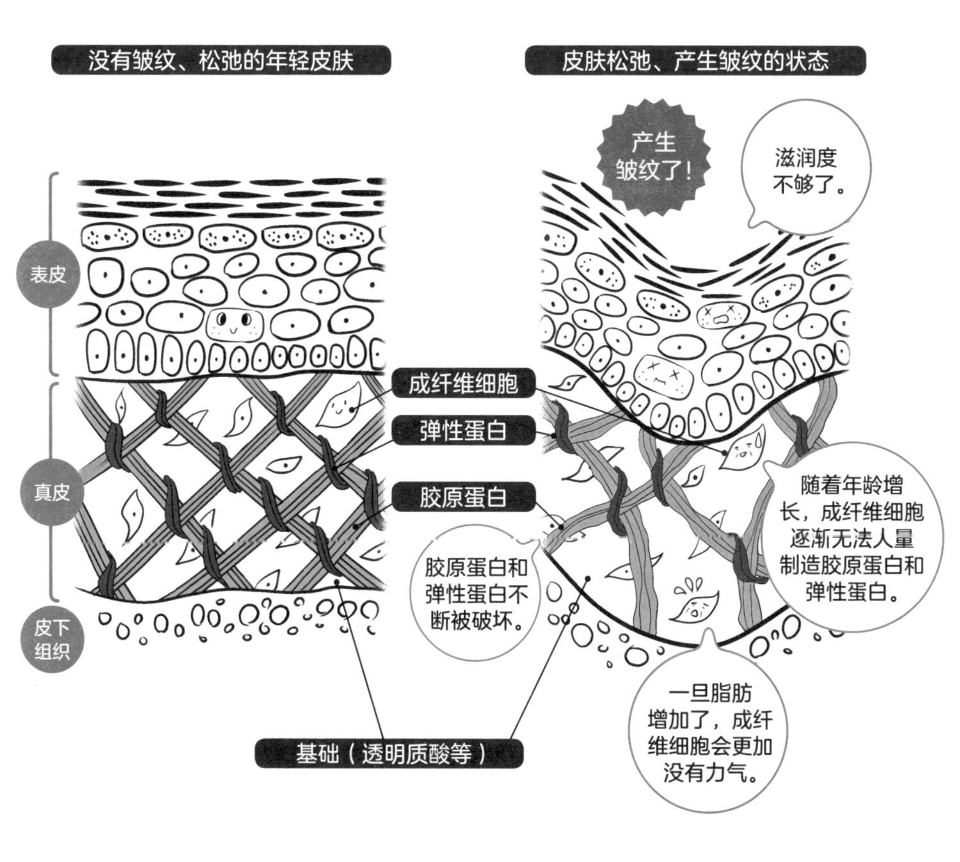
没有皱纹、松弛的年轻皮肤
皮肤松弛、产生皱纹的状态
产生皱纹了！
滋润度不够了。
表皮
真皮
皮下组织
成纤维细胞
弹性蛋白
胶原蛋白
胶原蛋白和弹性蛋白不断被破坏。
随着年龄增长，成纤维细胞逐渐无法人量制造胶原蛋白和弹性蛋白。
基础（透明质酸等）
一旦脂肪增加了，成纤维细胞会更加没有力气。

你的“皱纹”属于哪一类

面部显老，最大的原因在于皱纹。皱纹大致可分为“表情纹”“松弛纹”和“干燥纹”三类。类别不同，护理的方法及有效成分也都各不相同。

表情纹

习惯性的表情会使皮肤产生记忆，从而产生表情纹。表情变化时会出现“瞬时性表情纹”，当同样的表情长时间反复出现时，表情纹就会逐渐固定下来，变成“定型皱纹”。

皱纹产生部位 眼角、额头、眉间、嘴周

产生皱纹的主要原因 紫外线、干燥、真皮结构的变化、表情肌肉功能下降

松弛纹

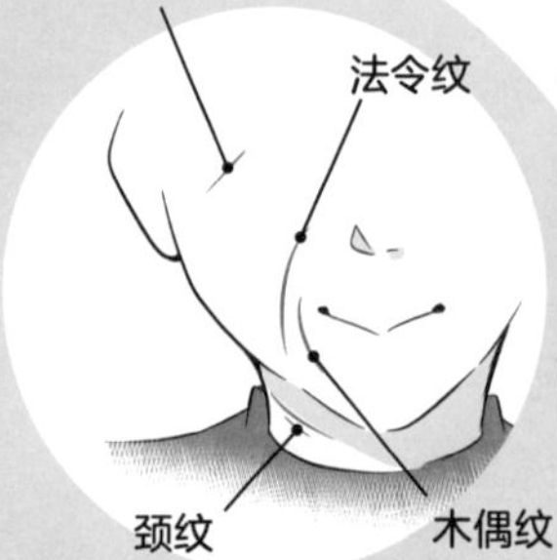

因年龄增长导致皮肤丧失弹性，变得松弛，于是产生了松弛纹。尤其是当面部的外侧和内侧的松弛程度不一致时，会出现这种纹路。这种纹路的特征是当脸向上仰时，皱纹会消失或变淡。

皱纹产生部位 眼下、面颊、嘴周、颈部

产生皱纹的主要原因 年龄增长、真皮组织的变化、真皮与皮下组织结构的变化

干燥纹

主要是因皮肤干燥而引起的皱纹。干燥纹又被称为“细纹”或“表皮纹”。由干燥导致的皮肤柔软性下降，干燥纹因此加深，并有可能逐渐向“表情纹”和“松弛纹”发展。

皱纹产生部位 以产生表情的部位为核心，扩展至整个面部

产生皱纹的主要原因 干燥

令肌肤紧致，护理皱纹、松弛肌肤的要点

之所以出现皱纹及松弛，既有可能是因为年龄增加这种自然老化，也有可能是紫外线照射等环境因素，甚至还因为我们的面部属于做出表情的部位，所以不停重复类似的表情会逐渐累积变化，从而产生皱纹。可以说，皱纹、松弛是由复合型原因导致的“衰老信号”。只依靠化妆品去改善它们非常困难，所以预防性护理就尤为重要了。

POINT 1

彻底隔绝紫外线！

将一个做防晒护理的人和不做防晒护理的人放在一起比较，过去10年、20年……之后，我们会发现，时间越长，这两个人的肤质差距就会越大。尤其要认真护理比较容易出现问题的皮肤部位。

POINT 2

抵抗干燥，一定要做好保湿！

因干燥而产生的皱纹，只要做好保湿就能获得改善。保湿能够令皮肤水润，维持柔软度，一定程度上也能防止表情纹固定下来。

POINT 3

一定要认真保护脆弱的眼周！

我们眼周的皮肤非常薄，而且皮脂分泌也很少。因此，建议大家选择含有丰富的高滋润性油脂的眼霜。涂抹眼周时，注意一定不要用力揉搓。手法要细致、柔和。

POINT 4

要带着耐心持续用下去！

和医药品不同，使用化妆品时要想获得护肤效果就需要比较长的时间。即便使用后没有立即看到效果，也请不要放弃，坚持几个月使用同一种产品看看吧。

POINT 5

通过按摩来活化皮肤细胞！

为面部制造表情的“表情肌”萎缩就会产生松弛，针对这种情况，不仅要做好保湿，还需要进行面部按摩（第154页），促进血液循环，提高细胞的活性！

针对皱纹、松弛有效的 7 类成分

以下成分名为医药部外品或化妆品名称，( ) 内为通称

医 医药部外品的有效成分　表 针对表情纹的有效成分　弛 针对松弛纹的有效成分　干 针对干燥纹的有效成分

白野实推荐

西一总推荐

1 “改善皱纹”的有效成分

视黄醇（维生素 A）
医 表 干

视黄醇能够提高表皮透明质酸的产生，从而改善皱纹。资生堂已经就此成分拿到了“改善皱纹”的效果证明。

NEI-L1

医 表 弛

2016 年宝丽首次在日本取得 NEI-L1 的“改善皱纹”效果证明。它能够与进行弹性蛋白分解的“嗜中性白血球弹性蛋白酶”合体，从而抑制皱纹产生。

烟酰胺（尼克酰胺、维生素 B_3）

高丝取得了烟酰胺的“改善皱纹”效果证明。烟酰胺属于维生素 B 的一种，它对表皮、真皮都能产生作用。它也是一种十分常用的美白有效成分。

② 针对干燥的有效成分

视黄醇棕榈酸酯（维生素 A 衍生物）

视黄醇（维生素 A）的衍生物同样能够促进表皮透明质酸的产生，不过它在“改善皱纹”这方面的效果并未获得认可。

生育酚视黄酸酯（维生素 A、E 衍生物）

这种成分是将维生素 A 和维生素 E 结合在一起，它同时具备维生素 A 的皱纹改善效果和维生素 E 的抗氧化效果。

二甲基甲硅烷醇透明质酸酯（透明质酸衍生物）

这种透明质酸衍生物包含了具有抗皱功能的硅。它要比透明质酸的保湿效果更为显著。保湿效果较高的成分能够有效改善干燥纹[①]（参见第 106 页）。

神经酰胺 3、神经酰胺 6 Ⅱ

在人体皮肤中，这两种神经酰胺会随年龄增长逐渐减少。

① 降低干燥产生细纹的醒目程度：从化妆品效果的角度来说，如果对一款产品进行特定实验后有了一定结果，就可以宣传自己的产品具备“降低干燥产生的细纹的醒目程度”的效果。但是，化妆品和医药部外品的有效成分不同，它只能通过保湿的方法来淡化皱纹。因此，化妆品中很大一部分商品都是添加了具备高保湿效果和保湿膜效果的成分。

③ 能够接近真皮的成分

抗坏血酸棕榈酸酯磷酸酯三钠（维生素 C 衍生物）

这种成分能够利用维生素 C 的功能——促进胶原蛋白生成、抗氧化。此外，作为衍生物，它能够到达皮肤更深层的地方。但是该成分遇水极易分解，所以很难成为处方性质的护肤品。

3-O-鲸蜡基抗坏血酸（维生素 C 衍生物）

这种成分是一种稳定性优良的维生素 C 衍生物，它能够促进胶原蛋白纤维束的形成，从而起到抑制皱纹的功效。

棕榈酰三肽-5

该成分是一种合成肽，能够促进真皮中的胶原蛋白合成，从而改善皱纹。

二棕榈酰羟脯氨酸

该成分是一种羟脯氨酸衍生物，是胶原蛋白所必需的氨基酸。它同时还具备抑制弹性蛋白分解酶活性的效果。

④ 抗氧化成分

富勒烯的特殊结构能够防止抗氧化力下降。所以它也被称为"C60 自由基海绵®"

富勒烯

富勒烯的构造类似于一个由碳组成的足球形状。它较其他抗氧化剂的持续时间更长，在紫外线照射下仍具备极稳定的抗氧化力。

是维生素 E 衍生物中最有效的一种！

生育酚磷酸酯钠（生育酚乙酸酯 / 维生素 E 衍生物）

该成分将油溶性维生素 E 和磷酸相结合，形成了水溶性的维生素 E 衍生物。在皮肤内，它会转变为具备极强抗氧化能力的维生素 E（生育酚）。除抗氧化外，它还具备防止皮肤粗糙的作用。

虾青素（雨生红球藻中提取）

虾类、蟹类、磷虾等甲壳类，鲑鱼等鱼类，还有雨生红球藻这种藻类中，都广泛存在着虾青素。它属于红色色素中胡萝卜素的一种。据说虾青素具备比维生素 E 更高的抗氧化能力。在人类皮肤测试中，曾得出"具有改善皱纹效果"的结论（医药部外品暂未承认其效果）。

泛醌（辅酶 Q10）

泛醌是能量代谢所需的重要成分，它具有抗氧化的效果。化妆品的配方禁止添加列表（第 203 页）收录有该成分，所以该成分的使用会受到一定限制。在人类皮肤测试中，曾得出"具有改善皱纹的作用"的结论（医药部外品暂未认可其效果）。

⑤ 针对表情肌肉的有效成分

乙酰基六肽-8

原料名"阿基瑞林"这个名字更加广为人知。它能模拟肉毒杆菌，降低表情肌肉收缩幅度，从而改善皱纹。

二肽二氨基丁酰苄基酰胺二乙酸盐

原料名"Syn-Ake（类蛇毒血清蛋白）"较为有名。它是从蛇毒身上获取灵感从而开发出来的一种成分，和肉毒杆菌毒素作用类似。

⑥ 在皮肤表面制造薄膜，用以将皱纹展平的成分

甘油酰胺乙醇甲基丙烯酸酯/硬脂醇甲基丙烯酸酯共聚物

表
它既能起到保湿功效，也能使皱纹不那么醒目

它是一种模仿神经酰胺构造的共聚物（高分子化合物），能使皮肤不紧绷，并给其覆上一层保护膜，从而起到改善皱纹的效果。

→除此之外，还有很多来自植物的皮膜剂。

⑦ 能在物理层面上降低皱纹及毛孔醒目程度的成分

锦纶-6

它是锦纶系的合成共聚物。具有多孔质地，能够起到"柔焦"①效果。

（1,4-丁二醇/琥珀酸/己二酸/HDI）共聚物

它是一种合成共聚物，这种成分和二氧化硅组合在一起，能够起到"柔焦"效果。除此之外，它还能抑制面部皮肤出油。

（乙烯基聚二甲基硅氧烷/聚甲基硅氧烷倍半硅氧烷）交联聚合物

它是源自硅油的一种球状粉末。和其他粉末相比，这种成分在使用时会让人感到更加柔软顺滑。

① 具有"柔焦"效果的粉末最近被越来越多地用于化妆品中。此外，各种各样的复合粉体（数种成分组合在一起制作出来的粉末）也逐渐作为"柔焦粉末"被使用。

西一总专栏

改善皱纹成分的注意点

“改善皱纹”功能，是宝丽的医药部外品首次于 2016 年在日本获得的认证。第二年，宝丽才开发出了具有相同效用的产品。自此以后，资生堂、高丝的医药部外品也陆续获得了“改善皱纹”功能的认证。一直以来，让化妆品具备改善皱纹的功能是一件十分困难的事，但近些年各品牌的相关产品陆续获得效果认证，这也令消费者对化妆品多了一些期待。

然而，具有改善皱纹功能的成分在成分特性上有着诸多需注意的点。例如，宝丽的 NEI-L1 和资生堂的视黄醇、高丝的烟酰胺不同，它完全是一种新成分。新成分有很多优点，如独创性，并且有可能产生一些新的效果。但同时，因为销售数据不多，所以和长期使用的成分相比，安全性方面还是有太多的不确定因素。NEI-L1 是一种弹性蛋白酶抑制剂，它的结构和蛋白质十分相似，因此，它也有可能造成一定的过敏现象（含此成分的产品只允许在线下销售）。

此外，长期使用的成分——“视黄醇”的市场销售实绩扎实，而且视黄醇类型成分（包括视黄醇棕榈酸酯、视黄醇乙酸酯）的特征是比较温和，很少刺激敏感性皮肤。当然仍有可能在使用中造成不适，所以要谨慎使用。烟酰胺是新获得皱纹改善许可的成分。不过从很早以前它就是美白和促进血液循环的一种成分，所以并不算是新发现。

不论哪种成分，想要改善皱纹都需要一定的时间。如果想获得明显的效果，更是要以年为单位，坚持长期使用。皱纹是刻在皮肤深处的，针对皱纹产生的效果会有延迟，所以改善皱纹不能一蹴而就。

使用化妆品对抗皱纹的第一招就是预防！
认真做好保湿工作，
保持皮肤柔软。
要意识到，预防紫外线侵袭，能够延迟“光老化”！

烦恼 3

干燥

为什么皮肤会干燥

皮肤干燥主要是因为皮肤缺乏水分及皮脂，导致皮肤不够滋润。如果对皮肤的干燥放任不管，皮肤的屏障（第 69 页）功能就会下降，更易受到紫外线等外部刺激，从而导致严重的皮肤问题。导致皮肤干燥的原因并不是单一的。

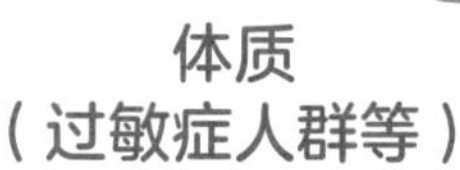

体质（过敏症人群等）

因为天然保湿因子、皮脂、神经酰胺等物质的产量天生就少，所以该类型的人本身就十分缺乏天然保湿成分。

年龄增长

随着年龄增长，皮肤代谢功能衰退，导致皮肤保水能力下降，神经酰胺及皮脂量也逐渐减少。

清洗过度

摩擦
摩擦

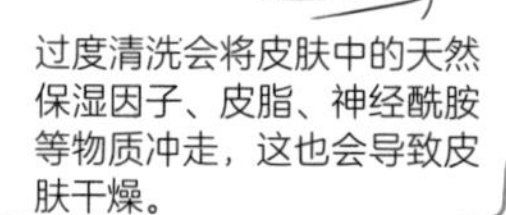

过度清洗会将皮肤中的天然保湿因子、皮脂、神经酰胺等物质冲走，这也会导致皮肤干燥。

空气干燥（湿度低）

在空调强劲的房间或者空气较干燥的季节，我们皮肤的水分会更易蒸发。

减肥过度

其实，皮肤中的保湿成分都是从饮食中摄入的，所以如果无法均衡摄取营养，保湿成分也就很难顺利分泌出来。

人体表皮的角质层非常薄，它由众多角质细胞排列堆叠而成。角质细胞中包含天然保湿因子。在层叠状排列的角质细胞缝隙中，存在神经酰胺等细胞间脂质。细胞间脂质能够将细胞们很好地粘连在一起，从而锁住水分。

此外，紧贴角质最上层的皮脂膜也能防止皮肤表面的水分蒸发。天然保湿因子、细胞间脂质和皮脂膜并称“保湿三大因子”。如果这三大因子之间能够达到平衡（保湿平衡），我们的皮肤就不易受外部刺激和异物入侵，保持水润。天然保湿因子和神经酰胺会因年龄增长而减少，导致角质层水分不足，从而引发干燥。

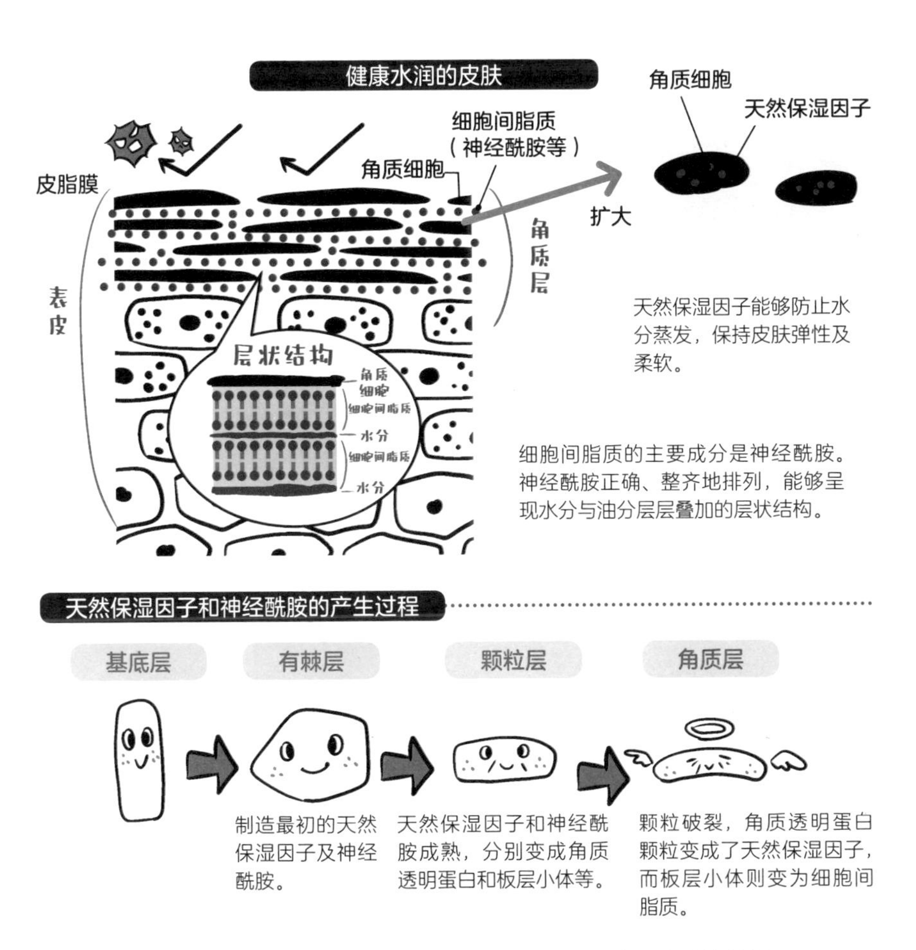

健康水润的皮肤
皮脂膜
细胞间脂质
（神经酰胺等）
角质细胞
角质层
表皮
扩大
角质细胞
天然保湿因子
天然保湿因子能够防止水分蒸发，保持皮肤弹性及柔软。
层状结构
角质细胞
细胞间脂质
水分
细胞间脂质
水分
细胞间脂质的主要成分是神经酰胺。神经酰胺正确、整齐地排列，能够呈现水分与油分层层叠加的层状结构。
天然保湿因子和神经酰胺的产生过程
基底层
有棘层
颗粒层
角质层
制造最初的天然保湿因子及神经酰胺。
天然保湿因子和神经酰胺成熟，分别变成角质透明蛋白和板层小体等。
颗粒破裂，角质透明蛋白颗粒变成了天然保湿因子，而板层小体则变为细胞间脂质。

也就是说，角质细胞正是制造天然保湿因子和神经酰胺的关键！

更加恐怖的是……
如果各种原因导致皮肤出现干燥情况的情况叠加，
那就极有可能进一步陷入“干燥的恶性循环”！

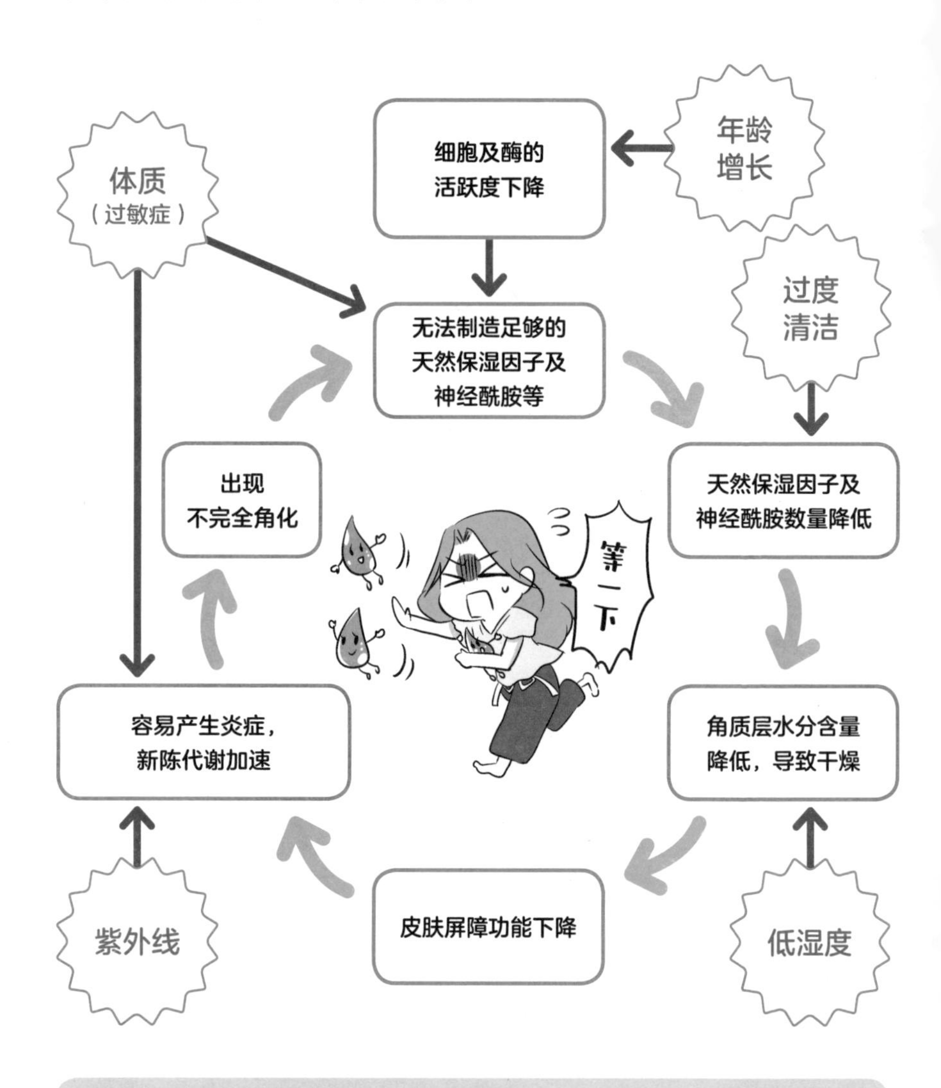

- 痤疮人群的皮肤原本就无法制造足够的天然保湿因子和神经酰胺。
- 酶的活跃程度会随年龄增长而逐渐降低。
- 照射紫外线时皮肤会变得干燥，是因为新陈代谢加速。

按商品类别选择化妆品时的要点

干燥会导致皮脂和水分流失，从而令肌肤失去弹性，皮肤变硬，容易受到刺激。当这一状态趋于常规化，皮肤就有可能变为“敏感性皮肤”（第 110 页）。为了使皮肤摆脱“干燥的恶性循环”，维持皮肤水分的保湿工作就非常重要。应该按照皮肤的状态（干燥程度、皮脂量）来挑选合适的化妆品。

洁面产品、沐浴产品

应该根据皮肤状态来选择合适的清洁产品。为了不给皮肤增添摩擦等多余负担，应该先制造出足够的泡沫。泡沫越绵密，越能温和地洗净污垢。虽然需要避免过度清洗皮肤，但是完全不洗也一样会产生皮肤问题。

化妆水

选择时需注意其中的保湿成分，尤其是补水成分。

乳液、乳霜、美容油

重点选择那些包含高效润肤成分的产品。如果干燥情况比较严重，最好就选择凡士林这类能够高效防止水分蒸发的油性成分。不过对丁些比较容易出汗的位置，需要控制用量。尤其是一部分过敏症人群在使用凡士林后会很难出汗，这就有可能导致自身汗液堵塞，从而产生炎症。因此，夏天要小心使用。

面膜

轻松简单，能够立即为皮肤补充水分，面膜可以说是一种使用起来十分方便的护肤品。不过，若是长时间敷用面膜，面膜本身的水分蒸发掉之后会反过来抢夺皮肤中的水分，就会出现反作用。因此一定要严格遵照使用时长，建议每周使用 1~2 次。

烦恼 4

敏感性皮肤、皮肤发痒

什么是敏感性皮肤

天生的体质导致皮肤较薄、较脆弱，因干燥导致皮肤屏障功能（第 69 页）下降，出现过敏状态，这就是敏感性皮肤。一旦屏障功能变弱，皮肤就无法抵抗异物的入侵，从而陷入慢性炎症的状态。稍有不适，就会马上出现极为明显的炎症反应。除此之外，随症状发展，皮肤会变得更加敏感，稍受一点刺激就立即出现斑疹、红肿、瘙痒等反应。敏感性皮肤多发区域首先在面部，除此之外，头皮、手臂、后背、腿部等部位的皮肤也有可能变成敏感性皮肤。

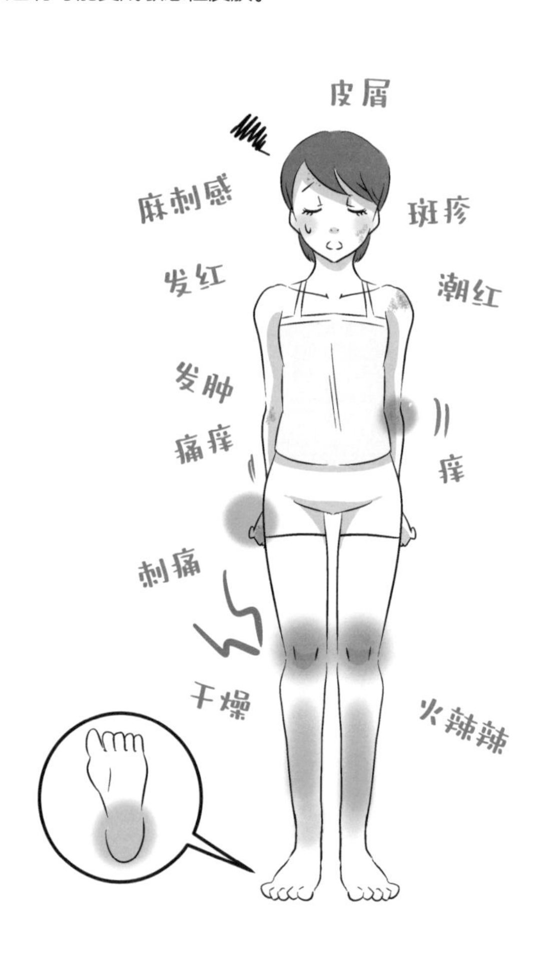

皮肤出现过敏的原理

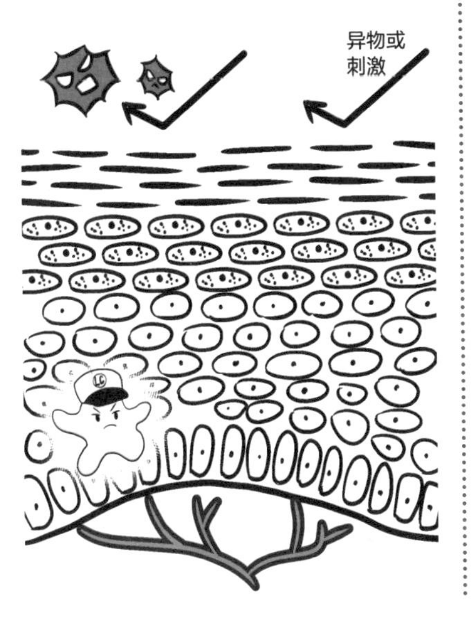

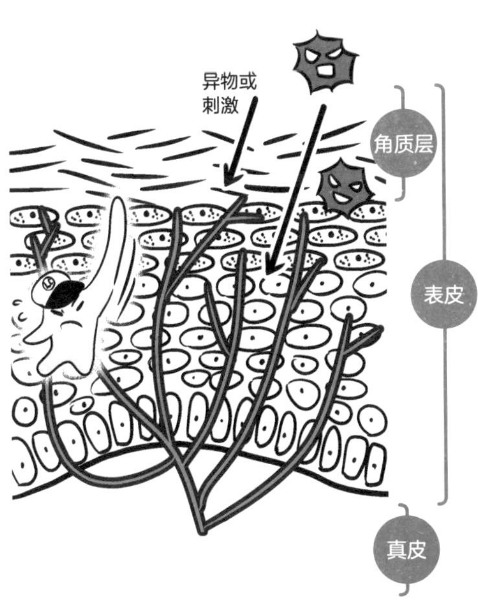

表皮位于皮肤最外层。表皮自身也有一个最外层，那就是角质层。在我们的面部，角质层的厚度只有 0.02 毫米。角质层可以保护皮肤不受外部刺激及异物入侵，而且还能防止水分蒸发，它承担着“屏障功能”的重担。

屏障功能下降的皮肤很容易被异物入侵。于是，一旦察觉到异物出现，皮肤的危险感知能力就会上升，神经会延伸到离皮肤表面更近的位置，所以就会产生刺痛等刺激感。此外，能够感知危险的朗格汉斯细胞会将自己伸长到角质层正下方，以便守备异物的入侵。这会使我们的皮肤变得更加敏感。

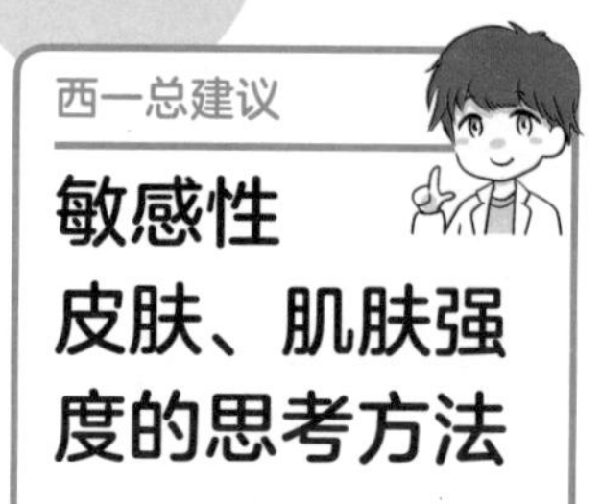

西一总建议

敏感性皮肤、肌肤强度的思考方法

化妆品行业常用“敏感性皮肤”这个词。但事实上，并没有“敏感性皮肤”这个医学术语，它是业内独创的“自造词”。在《药机法》中规定的成分标识基本规则中提到，产品广告中不可以出现“肌肤脆弱的人群使用的化妆品”这种措辞，但是改成“敏感性皮肤人群使用的化妆品”就可以。这是因为敏感性皮肤这个词本身没有固定含义，它的含义是比较模糊的。

但是，我认为“敏感性皮肤”是确实存在的。人的肤质千差万别，的确有人生来皮肤就比较脆弱。我个人会把这类人归为“敏感性皮肤”，把皮肤不弱但也没有很强的人归为“中性皮肤”，把皮肤较强韧的人归为“强韧性皮肤”。

可以说，所谓“过敏症人群”，就是敏感性皮肤之中皮肤极为脆弱的那一部分人。虽然“过敏症”听上去仿佛是某种病症一般，但我认为，它其实就是皮肤过于脆弱，受到各种刺激时皮肤反应过度强烈的一种“体质”（我本人也属于过敏症人群）。

此外，最近越来越多的人“自称敏感性皮肤”，其中有很多人原本是中性皮肤，可却用了错误的护肤方法，导致皮肤的屏障功能暂时下降了。其实“自称敏感性皮肤”这个词本身就是媒体揶揄那些“明明皮肤并不脆弱，但自己却坚信自己很脆弱”的人群时使用的称呼，所以我不太喜欢这个词。实际上，当皮肤屏障功能下降时，皮肤自然会处于敏感状态。因此，我倾向于将并非与生俱来的敏感性皮肤称为“后天性敏感性皮肤”。

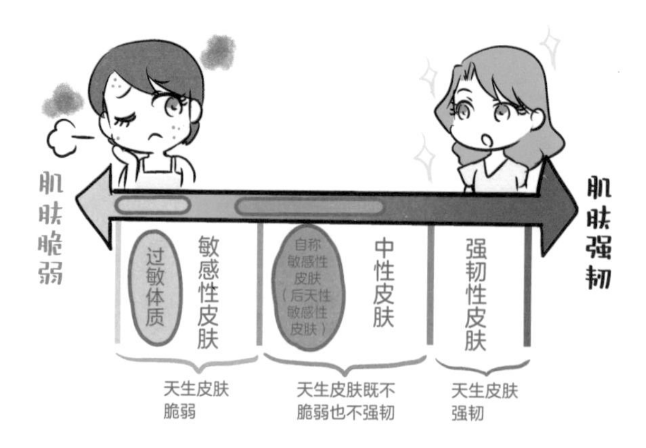

对过敏性皮肤来说，使用“皂基”或“保湿护理”都是刺激

过敏性皮肤出现皮肤粗糙问题的原因大多在于洁面产品。如果过度清洗皮肤，皮肤的屏障功能就会下降，皮肤会出现瘙痒，并出现炎症。尤其是过敏体质者，即便是使用低刺激类型的皂基成分清洁皮肤，也有可能因清洗过度导致 pH 失去平衡。因此，我建议使用含有弱酸性的氨基酸系清洁成分，或两性离子型清洁成分的清洁产品，这类清洁类产品在制作时会特别考虑过敏性皮肤的特质。不过，疏于清洗同样会导致皮肤问题产生，所以建议大家参考本书第 55 页的各种清洁成分的清洁能力示意图，根据自己皮肤的情况挑选合适的产品。

在护肤时，“保湿”可以说是极为重要的一环。但是对于过敏性人群来说，很多普通人用起来毫无刺激感的成分也会刺激到他们的皮肤。其实很多包含保湿成分的洁面产品和沐浴产品都会出现这种情况，只是残留了一些成分在皮肤上，就有可能引发过敏性肤质人群的皮肤瘙痒问题。出现这种情况时，不必勉强自己去挑选添加保湿剂的产品，只要选择 1～2 款配方设计比较简单的产品即可。在第 180 页中也会提到，不添加防腐剂和尼泊金酯类防腐剂的产品有可能反而添加了其他一些刺激性更强的成分，并不适合过敏性皮肤使用。因此，其实不必在防腐剂问题上过于谨慎。

Q 什么是“不稳定肌”？它和“敏感性皮肤”有何不同？

A 所谓“不稳定肌”，就是在换季等外部环境出现变化时，或者压力大、生理期前后，平日使用的护肤产品突然不适合自己的皮肤，导致肌肤发红、发痒。这类的皮肤敏感状况是“暂时的”，所以被称为“不稳定肌”。

Q 刚洗完澡后会感觉皮肤发痒，这是为什么呢？

A 如果过度清洁面部及身体，皮脂就会被洗掉，皮肤表面的屏障功能就会下降。同时，血液循环加强也容易助长瘙痒的发生。此外，如果清洁用品中添加了容易令肌肤产生不适的成分，也会导致皮肤瘙痒，所以在挑选产品时一定要检查一下成分。

西一总建议

按商品类别选择化妆品时的要点

很多人认为敏感性皮肤或者干性皮肤都只是个人的“体质”，所以他们并不在意日常使用的化妆品。实际上，化妆品的使用方法，以及使用的产品，都有可能变成助长干性皮肤和敏感性皮肤的罪魁祸首。当然，它们也可能会改善糟糕的皮肤状况。不过，即便化妆品说明上写了“适用于敏感性皮肤”，也不意味着其中全部是安全性很高的成分，所以在挑选产品时应多加注意。

洁面产品

使用清洁力较强的洁面产品会给干性皮肤和敏感性皮肤增添负担，所以我们先从化妆方面入手，尽量选择比较容易卸除的彩妆产品。接下来，洁面产品最好选择天然油脂类卸妆油、卸妆膏，以及卸妆乳等清洁力较稳定的产品。（详细内容请参考第 30 页）

此外，使用皂基或常规的洗面奶容易出现清洁过度的情况。皂基属于弱碱性清洁类产品，如果是健康的皮肤，使用皂基之后很快就能将 pH 调整到正常状态。倘若皮肤功能较差、屏障功能较弱，则很难调整 pH 的平衡，从而有可能导致皮肤变得粗糙。如果皮肤状态不好，那么最好选择温水清洗皮肤，同时使用弱酸性的氨基酸类清洁成分，或婴儿皂等类型产品，打出浓密泡沫，轻柔清洁皮肤。

多效合一或化妆水、乳霜

考虑到接触刺激成分的风险，干性皮肤和敏感性皮肤应尽量使用成分单一的产品。建议挑选多效合一产品中配方成分类型极少的一类产品。不过，倘若皮肤的保水力较低，单纯使用多效合一产品可能还有些不足，那就使用化妆水和乳霜吧。

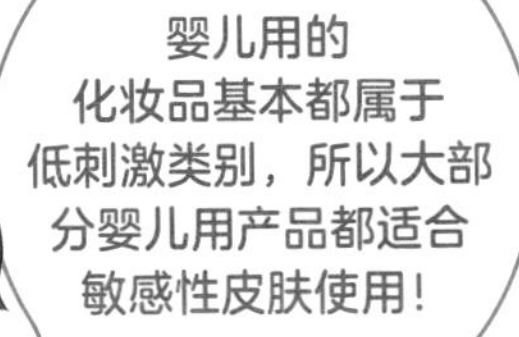

婴儿用的
化妆品基本都属于
低刺激类别，所以大部
分婴儿用产品都适合
敏感性皮肤使用！

干性皮肤、敏感性皮肤的护理要点——保护皮肤屏障功能的成分“神经酰胺”

所谓保湿，就是要让皮肤的湿润度保持在适当的状态。维持皮肤水分的大功臣，是约占细胞间脂质 40% 的神经酰胺。神经酰胺原本是皮肤角质层中的一种天然脂质成分，它可以防止皮肤水分蒸发及干燥，并起到皮肤屏障的作用。如果皮肤中神经酰胺的含量不足，就容易产生皮肤粗糙等问题。尤其是易过敏体质人群及敏感性皮肤人群，他们可能存在先天神经酰胺不足的情况。此外，神经酰胺还会随年龄增长逐渐流失，50 岁时，皮肤中的神经酰胺只有 20 岁时的一半左右。因年龄增长导致神经酰胺减少后，我们的身体也很难再大量制造充足的神经酰胺了，此时就需要从外部来积极进行补充。

神经酰胺包含动物性天然神经酰胺、植物性神经酰胺、合成神经酰胺等等类型。其中我比较推荐“人类神经酰胺”，这一类别和人类皮肤中的神经酰胺结构相似，很容易被皮肤吸收。不过“人类神经酰胺”之中还有很多细分类别，从成分名来区分，一般是按“神经酰胺＋××（数字或英文字母）”来表示的，如“神经酰胺 3”“神经酰胺 EOP”等。神经酰胺属于非常昂贵的成分，但是只要微量添加到产品中，就能对皮肤屏障起到很好的帮助作用，而且不会刺激皮肤，所以对于敏感性皮肤来说非常有效。

此外，其他类型的神经酰胺成分也有“人类神经酰胺”所不具备的一些有效修护皮肤屏障的功效。敏感性皮肤、干性皮肤在选择化妆品时，可以参考下页的列表，重点观察一款产品有没有添加神经酰胺。

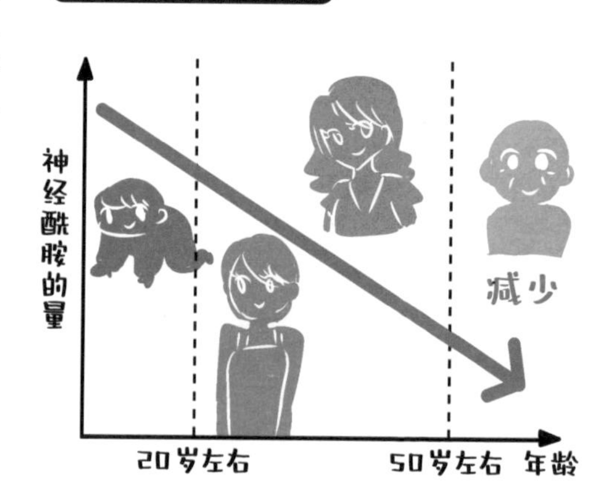

主要的神经酰胺成分一览

分类	全成分标识名称		成分解说
人类神经酰胺	神经酰胺 1	神经酰胺 EOP	存在于人类皮肤之中的屏障功能物质，能够保护皮肤不受外部的干燥及刺激影响。过敏性皮肤、敏感性皮肤、老化的皮肤均有可能出现神经酰胺不足的情况，所以可通过外部补充的方式来修复皮肤屏障。此类成分以“神经酰胺＋ ××（数字或英文字母）”的形式表示
	神经酰胺 2	神经酰胺 NS	
	神经酰胺 3	神经酰胺 NP	
	神经酰胺 5	神经酰胺 AS	
	神经酰胺 6Ⅱ	神经酰胺 AP	
		神经酰胺 EOS	
		神经酰胺 NG	
		神经酰胺 AG	
类神经酰胺	羟乙基棕榈氧基羟丙基棕榈酰胺		这些成分被称为“类神经酰胺”，是化学合成的类似神经酰胺的成分，作用和人类皮肤角质层中的神经酰胺相似。从效果上看，虽然不及人类神经酰胺，但可以通过调整配方浓度来提升效果
	鲸蜡基-PG 羟乙基棕榈酰胺		
	植物甾醇 / 辛基十二醇月桂酰谷氨酸酯		
糖神经酰胺	米糠神经酰胺		从大米中获得的包含糖神经酰胺（葡糖基神经酰胺）的外源性神经酰胺，也被称为“植物性神经酰胺”。葡糖基神经酰胺能够起到和神经酰胺前体一样的作用
	葡糖基神经酰胺		
	脑苷脂		主成分是从马的大脑和脊髓中得来的鞘糖脂（半乳糖脑苷脂），作用和神经酰胺类似，所以也被称为“天然神经酰胺”“动物神经酰胺”等。原料名为“生物神经酰胺”
外源性神经酰胺	（神经）鞘脂类		这种成分是含于细胞间脂质中的一种特定脂质类的总称，在化妆品中被归为神经酰胺类复合成分
	马（神经）鞘脂类		从马脊髓中获得的一种鞘脂类成分，能起到和神经酰胺相似的作用
	植物鞘氨醇		作用和神经酰胺相似，能够形成皮肤屏障，是一种来源于植物的脂质成分
	己酰鞘氨醇		将鞘氨醇或植物鞘氨醇同直链羧酸（己酸）结合起来形成的直链神经酰胺。作用和神经酰胺相似，能够形成皮肤屏障。它具有信息传递性，所以可能还具备改善皮肤功能的效果
	己酰植物鞘氨醇		
	二羟基木质素纤维素植物鞘氨醇		一种从来自酱油粕的神经酰胺混合物中提取的鞘脂类。功能与神经酰胺相似，能够形成皮肤屏障，并可能具备增加皮肤中的神经酰胺含量的作用
	（神经）鞘磷脂		从牛奶中获取的神经酰胺前体，所以也被称为“牛奶神经酰胺”。功能与神经酰胺相似
	二氢（神经）鞘氨醇		神经酰胺前体
	羟棕榈酰二氢鞘氨醇		

针对干性皮肤、敏感性皮肤、皮肤发痒有效的成分

以下成分名为医药部外品或化妆品名称，( ) 内为通称

医 医药部外品的有效成分

水 水性成分（第 40 页）

油 油性成分（第 45 页）

表 表面活性剂（第 52 页）

白野实推荐

西一总推荐

持续使用能改善皮肤保水能力！

这是敏感性皮肤护肤时最重要的成分！

1 护肤类 化妆水、乳液、美容液、面膜、乳霜、油

神经酰胺类

请参考第 117 页“主要的神经酰胺成分一览”。

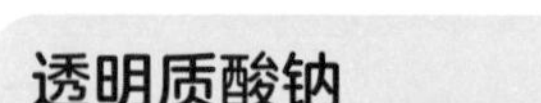

透明质酸钠 水

存在于真皮和表皮之中的多糖类（连接大量糖分的物质）。能够在皮肤表层形成一层聚集水分的膜，达到持续性的保湿效果。还可以制作出更小的“水解”形态。这种物质大多来自于发酵的微生物中。历史上人们曾从鸡冠中提取该物质。

乙酰化透明质酸钠

属于透明质酸衍生物的一种。它能让透明质酸更为亲肤，从而提高保湿效果。

可溶性胶原

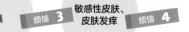

它由存在于真皮中的蛋白质制造而来，分子较大，能够在皮肤表层形成一层聚集水分的膜，达到持续性的保湿效果。该物质有源自动物和源自鱼类这两种类型。

视黄醇（维生素 A 油）

它可以促进角质细胞代谢和分裂，同时增加天然保湿因子的数量，提高皮肤的水分保持力。

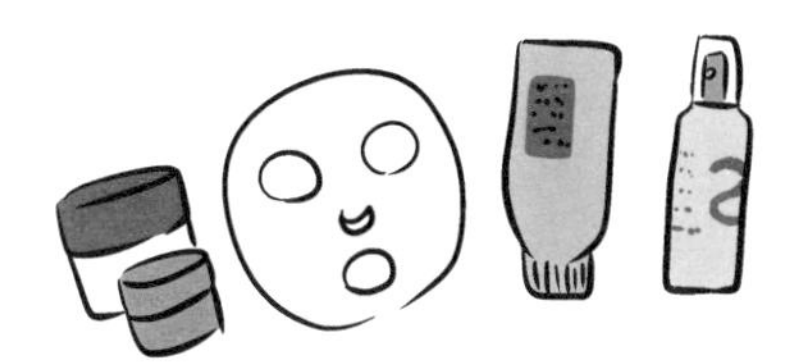

大米精华 No.11

这种对皮肤水分保持力有改善作用的成分已获得医药部外品有效成分认可。

类肝素

用于喜辽妥（多磺酸粘多糖）软膏中的或与其相类似的有效成分（不过和医药品中所使用的类型等级有区别）。类肝素能够促进皮肤血液循环及角质代谢，从而改善皮肤保水功能。

生育酚乙酸酯（维生素 E 衍生物）

一种维生素 E 衍生物，能够有效促进皮肤的血液循环，改善皮肤粗糙状态。

氨基酸类

指天冬氨酸、丙氨酸、精氨酸、甘氨酸、丝氨酸、亮氨酸、羟脯氨酸等成分。它和甜菜碱一样，十分亲水，所以常被当作保湿成分加以使用。

吡咯烷酮羧酸钠

它是天然保湿因子之中具有代表性的一种氨基酸类保湿成分。位于皮肤角质层中的天然保湿因子具有保持角质层水分的功效，所以产品中只添加少量的吡咯烷酮羧酸钠就能获得极强的保湿效果。

乳酸

乳酸属于 α-羟基酸的一种，同时也被应用于化学去角质产品之中。添加在化妆品中，去角质效果会变弱。对皮肤稍有刺激性。

甘油

保湿力非常强，是一种能够长期维持皮肤湿润的优秀保湿剂。因为我们的皮肤中本来也有甘油这种成分，所以它的安全性很高，并且刺激性很低。遇水会发热，所以常被添加于发热型的清洁类产品之中。来源于植物的甘油现已被广泛使用。

BG（1,3-丁二醇）

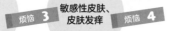

在日本，BG 是一种使用最为广泛的保湿成分。它具有低刺激性的特征，所以常被用作敏感性皮肤用化妆品的主成分。使用感清爽，同时具有适度的保湿感，且不黏腻。在 BG 之中，合成型占大多数，不过也有一部分 BG 来自于植物。该成分能够营造一个抑制细菌产生的环境，所以会具有一点防腐效果。

聚谷氨酸

该物质是从纳豆菌等微生物的发酵中得来的，是一种来源于生物的聚合物。它的保湿效果胜于透明质酸钠，并且能够增加天然保湿因子的源头——丝聚蛋白的数量。

它能够增加 NMF 的源头——丝聚蛋白的数量！

凡士林

它和矿物油一样取自石油，不过矿物油是液体状，凡士林是半固体状。凡士林具有极高的防止水分蒸发的作用。

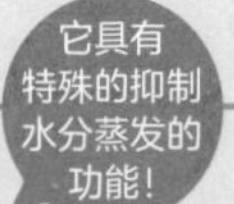

它具有特殊的抑制水分蒸发的功能！

3-月桂基甘油抗坏血酸

该成分是一种维生素 C 衍生物。它能够促进神经酰胺的产生，同时还能抑制敏感肤质中的神经纤维伸长。

这是一种同时适用于干燥、敏感性皮肤的维生素 C 衍生物

甘草酸二钾

这是一种提取自甘草根部的成分。它能起到和类固醇相似的作用，从而抑制瘙痒和炎症。

这是自古以来就在使用的抗炎成分，可放心使用

② 洁面产品、沐浴液

月桂醇聚醚-4 羧酸钠

该成分和皂基的构造及性质十分相似且具有弱酸性，所以被称为“酸性皂基”。它的清洁能力较强，刺激性相对较低。月桂醇聚醚后面的数字一般是“3、4、5、6”中的某一个。

椰油酰谷氨酸钠

该成分刺激性低，清洁力也较低。一般用于低刺激型洗发水之中。

月桂酰基甲基氨基丙酸钠

该成分属于氨基酸系表面活性剂的一种，属于低刺激型清洁成分。为弱酸性，性质较稳定。该成分较适用于低刺激型洗发水。

需特别注意的成分

尿素

我们都知道尿素是一种皮肤的保湿成分。但是高浓度尿素会分解皮肤蛋白质，从而产生刺激感，这是它的一大缺陷。主要解决手部皮肤粗糙问题的“尿素乳霜（医药部外品）”会在产品中添加超过 10% 的尿素，涂抹后高浓度尿素会分解已经变得干燥的角质，为使用者带来滋润的体验感。虽然这种成分适合用于发硬的皮肤，但它并非单纯的保湿剂，所以在使用高浓度尿素时请格外注意。如果只是微量添加于化妆品中的话就不必担心。

改善干性皮肤、敏感性皮肤的捷径

大多数受皮肤干燥和敏感困扰的人，都倾向于优先选择“保湿力高的护肤品”。但是对于干性皮肤来说，首先需要注意的其实不是护肤品，而是洁面产品和沐浴产品，只有先找到更适合自己皮肤的清洁产品，才能有效地改善自身干性皮肤和敏感性皮肤的状况。

人的皮肤本就可以分泌天然的保湿成分，并维持在一个适度湿润的状态。但如果我们无论怎样进行保湿护理，皮肤都会变得干燥，这就很有可能意味着，我们平时使用的洁面产品和沐浴产品的清洁力过强，洗掉了我们皮肤必需的保湿成分。尤其是过敏症人群，如果使用香皂或其他常见的沐浴产品，就很容易出现清洁过度的情况，所以一定要注意这一点。只要能够做到正确、温和地清洁皮肤，皮肤原本所含有的保湿成分就能够保留下来，避免干燥。在使用护肤品时，也就不必购买太多价格昂贵的产品。其实只要使用功能单一，但具备保湿效果的产品，就可以减少接触多余物质，从而改善肌肤敏感的情况。

如果选择了具有高度保湿效果的护肤品，却仍然没有改善干燥问题，请参考第 55 页，选择一些清洁力比较柔和的产品吧。但是，清洁力太弱的话，也很可能会导致一些多余的污垢和皮脂残留在皮肤上，反而令皮肤状态变得更差。因此，务必要慎重选择清洁产品！

出现干燥和敏感的状况，首先要关注是否“清洁过度”！第二步才是选择保湿护肤品。

烦恼 5

油性皮肤、分区出油

造成油性皮肤、分区出油的原因

皮脂是通过毛孔中的皮脂腺分泌出来的一种物质，皮脂腺会根据气温、湿度等环境条件的变化以及皮肤状态，调节皮脂的分泌量。所谓油性皮肤，就是因皮脂分泌过剩造成的。皮脂量过大，毛孔会始终呈张开状态，额头和鼻子的皮肤很容易长期处在出油的状态中。此外，如果皮脂增加，那么分解并以皮脂为食的痤疮丙酸杆菌等表皮常驻菌的平衡也会被打乱，这样一来，皮肤就很容易产生痤疮。

紫外线
（UVB）
有报告称，将所培养的皮脂腺细胞放在UVB照射下，皮脂量会增加。
UVC
UVB
UVA
激素平衡
进入青春期之后，性激素会产生变化，快速增加。女性还会随生理周期变化产生更多性激素。
偏食
如果摄入过多油炸、高油、高糖的食物，也会导致皮脂分泌增多。
错误的护肤方式
摩擦
一天之内洗很多次脸，皮肤变得干燥却疏于保湿，这样反而会使皮脂量增加。
压力
压力
压力
据研究显示，当一个人受到压力影响时，皮脂分泌量会比平时高1.7倍。

皮脂分泌的原理

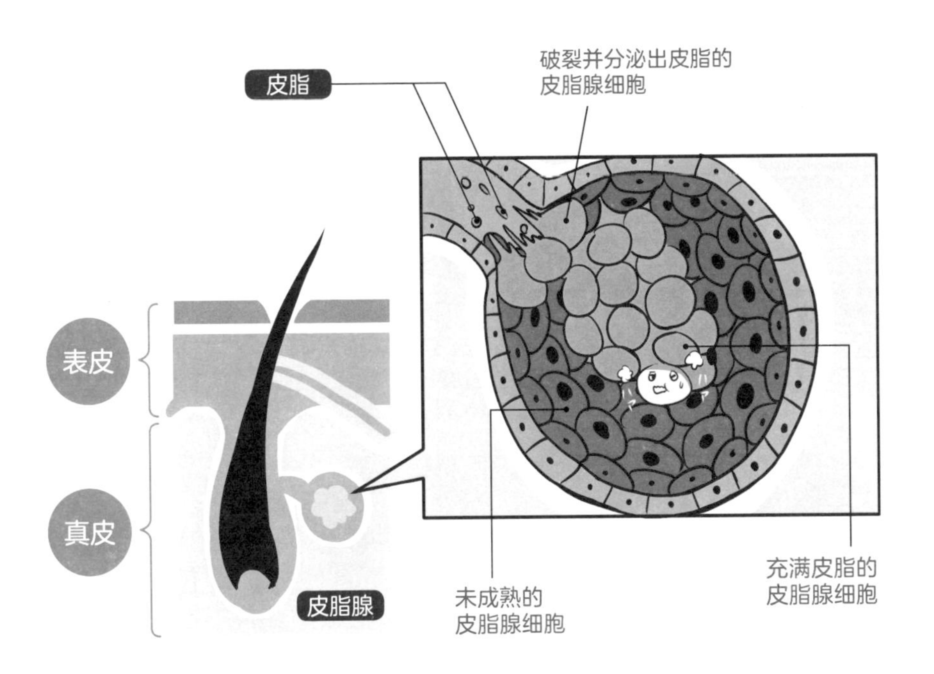

皮脂腺细胞蓄积着脂肪，逐渐成长，最终裂开，产生皮脂。

护理油性皮肤、分区出油的要点

想要改善油性皮肤、分区出油的情况，要点是在不增加皮肤负担的基础上，去除多余的油分。如果过度去除油分，会很容易伤害皮肤，或令皮肤干燥，结果起了反作用。一定要多加注意！

POINT 1

面部的清洁一天不可超过两次，这样才不会过度去除油脂

对于皮脂分泌正盛的青春期油性皮肤、分区出油的情况，正确的洗脸方法极为重要。老化的皮脂会刺激到皮肤，所以应该注意清洗皮肤，保证肌肤清洁。但是，倘若使用令皮肤变得干燥的洁面产品，或者总是想要赶快摆脱出油情况，于是一天之内反复清洗皮肤，或者不停地使用吸油纸擦拭，这些行为都会带来不好的影响。我们应该选择洗后无不适感，且适合自身皮肤情况的洁面产品，并且要打出丰富的泡沫后使用。最后，请将清洗面部的时间放在皮脂分泌量较多的早、晚，一天最多不要超过两次。

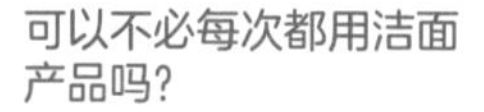

可以不必每次都用洁面产品吗？

敏感性皮肤和干性皮肤的人群早晚都使用洁面产品的话，会导致过度清洁。夜晚使用洁面产品清洁面部的话，早上可以不使用洁面产品，只用温水清洁即可。也可以在早上使用氨基酸系的洁面产品。

POINT 2

分区域护肤

当我们进入 20 岁以后，就需要着重考虑护理 T 区等重点区域的出油问题了。如果还按照十几岁时护肤的方式，U 区等皮脂分泌较少的部位会出现油分不足的情况，不知不觉就会出现干燥问题。因此，使用控油产品的区域最好仅限于 T 区，或者洁面后，仅在 U 区涂抹富含油脂的护理产品。也就是说，最好采取分区域护肤的方式。

针对油性皮肤、分区出油有效的成分

以下成分名为医药部外品或化妆品名称，( ) 内为通称

医 医药部外品的有效成分

白野实推荐

① 护肤类 化妆水、乳液、美容液、面膜、乳霜、油

（1）抑制皮脂分泌的成分

大米精华 No.6

它是 2017 年新获得认可的日本医药部外品有效成分。它能够抑制皮脂腺的工作，从而抑制皮脂分泌。这种功效已获得实践证明（因 2018 年 4 月起刚刚开始上市相关产品，所以目前对于效果是否明显以及安全性等方面都还尚未确定）。

肌醇六磷酸

米浆中的一种成分，经人体实验后，确定该成分能够起到抑制皮脂分泌的效果。

吡多素 HCl（盐酸吡多素、维生素 B_6 衍生物）

该成分是一种具有抑制皮脂作用的维生素 B_6 衍生物，此类物质缺乏容易引发脂溢性皮炎。吡多素是一种医药部外品有效成分，可以起到预防痤疮的作用。

10-羟基癸酸

这种成分也存在于蜂王浆中，所以也被称为蜂王浆酸。它能够起到控制皮脂分泌的效果，如溶解粉刺等。

使用含量较高的 10-羟基癸酸，能够获得更佳效果！

(2)吸附皮脂成分

氧化锌

氧化锌可以单独使用，也可以和羟基磷灰石一起搭配使用。它能够吸附游离脂肪酸，游离脂肪酸是造成氧化和刺激的源头。

二氧化硅(无水硅酸)

二氧化硅为多孔构造，具有十分优异的吸油性。此外，它还具备十分清爽的使用感，能够起到抑制黏腻感的功效。

(3)抗氧化成分→防止皮肤氧化

富勒烯

富勒烯的特殊构造能够防止抗氧化力下降。所以它也被称为"C_{60} 自由基海绵®"

富勒烯的构造类似于一个由碳组成的足球形状。它比其他抗氧化剂的持续时间更长，在紫外线照射下仍具备极稳定的抗氧化力。

生育酚磷酸酯钠(维生素 E 衍生物)

它是少数水溶性维生素 E 衍生物，具有抗炎效果

该成分将油溶性维生素 E 和磷酸相结合，最后形成了水溶性的维生素 E 衍生物。在皮肤内，它会转变为具备极强抗氧化能力的维生素 E(生育酚)。除抗氧化外，它还具备改善皮肤粗糙的效果。

虾青素(雨生红球藻提取物)

虾类、蟹类、磷虾等甲壳类，鲑鱼等鱼类，还有雨生红球藻这种藻类中，都广泛存在着虾青素。它属于红色色素中胡萝卜素的一种。据说虾青素具备比维生素 E 还要高的抗氧化能力。含有高浓度虾青素的雨生红球藻提取物也受到广泛使用。据说该成分能够起到抑制皮脂分泌的效果。

抗坏血酸磷酸酯镁、抗坏血酸磷酸酯钠(APM、APS、维生素 C 衍生物)

该成分不但有美白效果，据说高浓度添加后还能抑制皮脂分泌

这是一种维生素 C(抗坏血酸)衍生物。当它被皮肤吸收时，磷酸会从中脱离，剩下维生素 C 来抑制黑色素的产生。也被称为即效型维生素 C。抗坏血酸磷酸酯镁由武田药品工业开发，抗坏血酸磷酸酯钠则由佳丽宝开发。现在有非常多的制造商使用这种成分。据说该成分也具有一定的抑制皮脂分泌的效果。

② 洁面产品、面膜

含钾皂基胚（皂基系清洁成分）

表

一种含钾的低刺激型皂基。

油酸钠 / 油酸钾（皂基系清洁成分）

皂基中刺激性较低且清洁力较稳定的成分。

月桂醇聚醚-4 羧酸钠（羧酸系清洁成分）

该成分被称为“酸性皂基”，是一种低刺激性清洁成分。使用感较清爽，同时不会过度去除皮脂，所以推荐敏感性皮肤及皮脂分泌较多的肤质使用该成分。

椰油酰谷氨酸钠（氨基酸系清洁成分）

刺激性低、清洁力稳定，推荐清晨洁面时使用该成分。它和月桂酰基甲基氨基丙酸钠同样作为低刺激型成分，常被添加在低刺激性的洗发水中。

月桂酰基甲基氨基丙酸钠（氨基酸系清洁成分）

氨基酸系表面活性剂的一种。属于低刺激性清洁成分。它同样适用于低刺激性的洗发水。因为清洁力十分稳定，所以建议清晨洁面时使用该成分。

膨润土（蒙脱石）

黏土（泥）成分的一种。将该成分添加在洁面产品中，可以有效去除皮肤表面的皮脂。大量添加该成分的泥膜可以用于特别护理，每周使用一次即可。使用过度容易引发皮肤干燥。

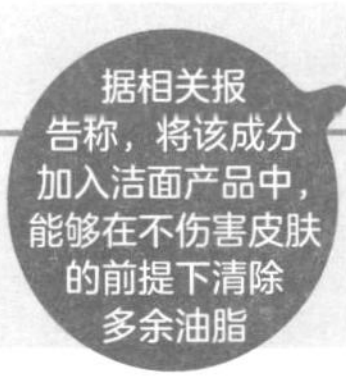

据相关报告称，将该成分加入洁面产品中，能够在不伤害皮肤的前提下清除多余油脂

高岭土

黏土（泥）成分的一种。将该成分添加在洁面产品中，可以有效去除皮肤表面的皮脂。大量添加该成分的泥膜可以用于特别护理，每周使用一次即可。使用过度容易导致皮肤干燥。

西一总专栏

“频繁清洁皮肤，会导致皮脂分泌增多”的真相

西一总曾在社交网站上发起过这样一场调查：长期高强度、频繁地洗脸，皮脂量会产生什么样的变化？在总计 2707 张投票中，有 53% 的人选择“感觉皮脂量增加了”，32% 的人选择了“皮脂量没有变化”，15% 的人选择了“感觉皮脂量减少了”。我想，之所以大多数人都选择了“皮脂量增加”，或许是因为过度洁面会刺激皮肤，从而导致皮脂分泌增加（紫外线和痤疮丙酸杆菌产生的刺激也会导致皮脂增加）。

就算皮肤上出现皮脂，也不能过度清洗皮肤，这样反而会刺激皮脂产生。因此，平时在清洁皮肤时要注意，切不可清洁过度，应该选择适当的清洁方式。

除此之外，很多女性为避免出现分区出油的情况，会选择使用“控油妆前乳”类的产品。但是此类产品往往添加了难溶于皮脂及汗液的氟性有机硅树脂，这种物质很难用温和的卸妆产品卸除，容易导致彩妆残留堵塞毛孔。而使用强力卸妆和洁面产品的话，又容易使皮肤干燥，进一步加速皮肤出油。

对于护肤来说，最基本的工作就是补充水分，但当皮肤因干燥导致个别区域出油时，适当地补充油分也非常重要。此外，还应该将易分泌皮脂的 T 区和皮脂较少、容易干燥的 U 区分开护理。也可选择一些能够抑制皮脂分泌的护肤产品。

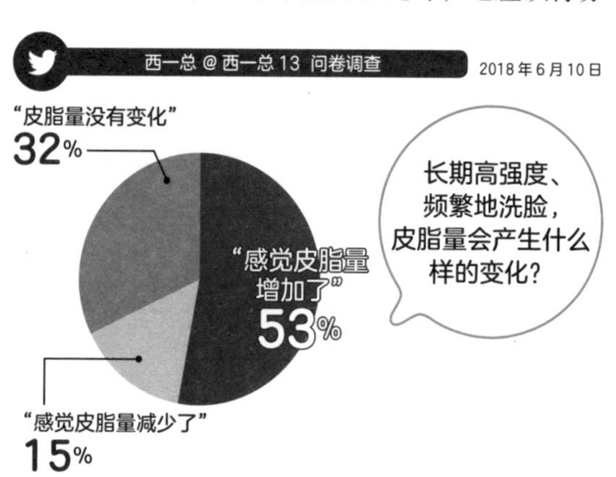

白野实的美肌处方笺

避免过度洁面。采取错误的护肤方式，只会进一步破坏皮肤的平衡！

烦恼 6

毛孔、黑头

毛孔为何会醒目

我们的脸上分布着约 20 万个分泌皮脂的毛孔。毛孔的数量并不会随着年龄增长而变多。毛孔分泌的皮脂不仅能够为肌肤提供屏障，起到防护作用，还能够和汗液一起将身体中的废物排出体外。粗糙且有颗粒感的毛孔主要有“毛孔堵塞（黑头堵塞）”和“毛孔松弛”这两类问题。之所以会产生这两类毛孔问题，大抵都和新陈代谢紊乱

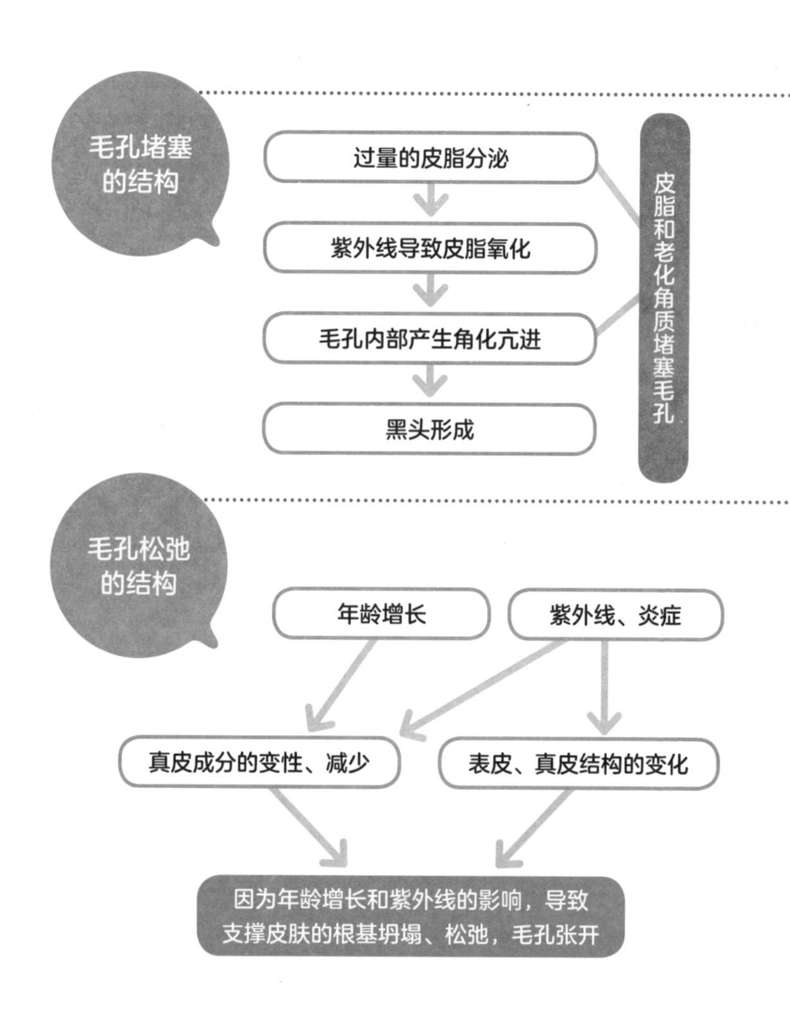

产生的“角化亢进”有关。所谓角质化亢进，其实是皮肤受炎症和刺激的影响，角化细胞的新陈代谢速度变快，造成角化异常，从而导致角质层变厚的现象。出现角化亢进后，原本正常脱落的角质层变得很难脱落，于是越来越厚。

毛孔堵塞的原因及特征

多出现于 10~20 岁

无法排出的废旧角质和皮脂残留在毛孔中，形成毛孔堵塞。毛孔堵塞的情况分两种类别，大多出现在皮脂分泌较多的 T 区。

1 黑头阻塞毛孔

过剩的皮脂、角质、污垢混合在一起形成了黑头，这些黑头阻塞了毛孔的出口，随着时间的推移，黑头进一步氧化，会形成一些黑点和一些颗粒状的印记，变得十分醒目。这种现象也被称为“草莓毛孔”。

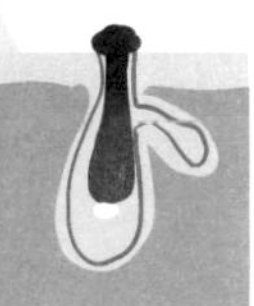

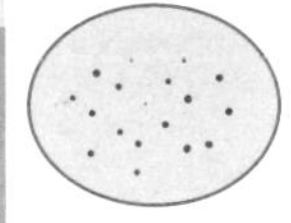

2 产生粉刺[①]

因代谢紊乱，导致毛孔入口阻塞，皮脂无法排出。这样会使皮肤内侧出现很多凸起的脓包，触感粗糙。

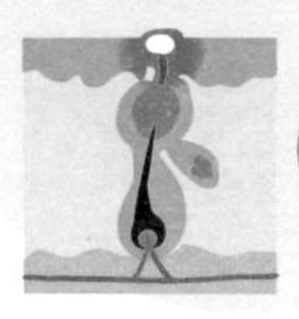

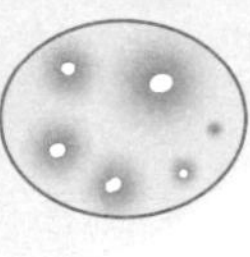

毛孔松弛的原因和特征

多出现于 40 岁以后

因皮肤松弛，导致毛孔周围呈碗状塌陷，让毛孔看起来更粗。

由于年龄增长、皮肤的张力和弹性降低、皮脂分泌过剩引发炎症并增厚表皮等原因，导致毛孔始终张开，无法关闭。毛孔松弛的情况大多出现在脸颊上。毛孔原本呈圆形，但久而久之，重力会导致皮肤松弛，并随朗格纹[②]变化为椭圆形和泪滴形。较严重的还会呈带状。

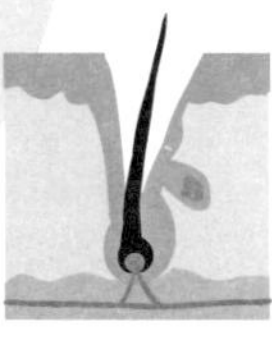

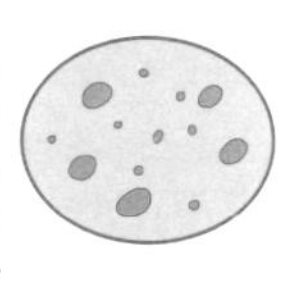

① 粉刺即痤疮较早期阶段，指的是毛孔内皮脂开始聚集的状态。它还被称为“白头粉刺”“黑头粉刺”（第 143 页）。

② 位于皮肤内侧的皮肤细胞分界线。

护理毛孔问题的要点

产生毛孔堵塞（黑头）的主要原因是皮脂。皮脂本身就能构成黑头的内芯，氧化的皮脂还会导致角化亢进，进一步导致毛孔阻塞及黑头增多。想要去除堵塞的皮脂，就需要充分清洁面部。洁面后，不要忘了做好保湿的工作！

POINT 1

建议“卸妆”和“洁面”双管齐下！

卸妆油和卸妆膏中所含的油脂是皮脂的主要成分，可以从“卸妆”和“洁面”两方面出发，彻底做好护肤工作。但是，清洁过度有可能会刺激皮肤，从而诱使油脂过度分泌，所以洁面产品应该选择使用后不紧绷的类型，打出丰富的泡沫，尽量不要揉搓皮肤，而是用轻柔的手法清洁面部。

POINT 2

每周、每月一次做好特殊护理

对于一部分人来说，日常的卸妆、洁面很难改善毛孔堵塞的状态，可以选择含有帮助角质层脱落的酶（蛋白酶）或者黏土等成分的产品来洁面。不过，对水果过敏的人及敏感性皮肤人群来说，使用酶可能会产生不适，一旦出现不良反应，请马上停止使用。此外，针对皮脂分泌持续过剩的情况，使用黏土面膜也会收获一定效果，但是使用过度的话可能会事与愿违。因此，建议这类的特殊护理每周进行一次即可。而且，虽然去黑头面膜可以有效去除黑头，但它同时也会为皮肤带来过重的负担，有可能会令皮肤屏障功能下降。所以建议这类特殊护理每月进行 1~2 次即可。此外，使用面膜后也要注意保湿护理！

POINT 3

不推荐的护肤行为

具有暂时缩小毛孔功效的收敛型化妆水一般都含有乙醇等微弱的刺激成分。因此，使用这类产品有可能伤害皮肤并导致炎症恶化，所以需多加谨慎。此外，备受欢迎的去角质产品——去角质凝胶（磨砂凝胶）也只是在皮肤上揉搓变硬的凝胶剂而已，其实去除黑头的效果并不理想。

针对毛孔问题
有效的成分

以下成分名为医药部外品或化妆品名称，( ) 内为通称

堵 推荐改善毛孔堵塞使用的成分　　弛 推荐改善毛孔堵塞使用的成分

 白野实推荐　　 西一总推荐

① 护肤类　化妆水 、乳液、美容液、面膜、乳霜、油

(1) 抑制皮脂分泌的成分

大米精华 No.6

它是 2017 年新获得认可的医药部外品有效成分。它能够抑制皮脂腺的工作，从而抑制皮脂分泌。这种功效已获得实践证明（因 2018 年 4 月起刚刚开始出售相关产品，所以目前对于效果是否明显以及安全性等方面都还尚未确定）。

肌醇六磷酸

包含在米浆中的一种成分，经人体实验后，确定该成分能够起到抑制皮脂分泌的效果。

吡多素 HCl（盐酸吡哆醇、维生素 B_6 衍生物）

该成分是一种具有抑制皮脂作用的维生素 B_6 衍生物。缺乏此类物质容易引发脂溢性皮炎。吡多素是一种医药部外品有效成分，可以起到预防痤疮的作用。

10-羟基癸酸

这种成分也存在于蜂王浆中，所以也被称为蜂王浆酸。它能够起到控制皮脂分泌的效果，如溶解粉刺等。

使用含量较高的 10-羟基癸酸，能够获得更佳效果！

（2）去角质成分

乳酸、乳清等含有 α-羟基酸的成分

只要具有温和的去角质效果，就能够改善毛孔堵塞。这些成分不只是能够剥离掉角质层，它们还能够为原本存在于皮肤中的角质层剥离酶提供帮助，协助酶的活动。乳酸属于 NMF 成分之一。

（3）抗炎成分→容易产生黑头的皮肤常呈现炎症状态，所以推荐使用抗炎成分

甘草酸二钾

甘草酸是一种提取自甘草根部的成分。甘草酸具有很高的水溶性。它具备抗炎效果，并且能够改善敏感性皮肤症状，是一种十分常用的抗炎成分。

这是自古以来就在使用的抗炎成分，用着放心

硬脂醇甘草亭酸酯（甘草酸衍生物）

这是一种提取自甘草根部的成分。其中甘草亭酸酯（甘草酸衍生物）是一种油溶性极高的成分。它能起到近似类固醇的作用，具备抗炎的功效。注意甘草酸二钾是水溶性，硬脂醇甘草亭酸酯为油溶性。

尿囊素

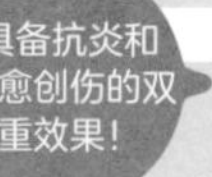

尿囊素存在于紫草的叶片以及蜗牛的黏液之中，是一种水溶性的抗炎成分，同时还具备治愈创伤的功效。它能够提高皮肤活性，帮助伤口愈合，常被用于医药品的创伤愈合剂中。

ε-氨基己酸（氨基己酸）

它和凝血酸一样，都属于人工合成的氨基酸。具有止血和抗炎作用。它能够抑制炎症指示成分（纤溶酶），从而改善皮肤粗糙的问题。此外，该成分还被用于医药品止血剂之中。

富勒烯的特殊构造能够防止抗氧化力下降。所以它也被称为“C_{60}自由基海绵®”

（4）抗氧化成分→皮脂氧化容易引发炎症，从而刺激黑头产生。抗氧化力较高的物质能够预防真皮变性，并进一步起到预防毛孔松弛的作用

富勒烯

富勒烯的构造类似于一个由碳组成的足球形状。它较其他抗氧化剂的持续时间更长，在紫外线照射下仍具备极稳定的抗氧化力。

它是少数水溶性维生素 E 衍生物，具有抗炎效果

生育酚磷酸酯钠（维生素 E 衍生物）

该成分将油溶性维生素 E 和磷酸相结合，最后形成了水溶性的维生素 E 衍生物。在皮肤内，它会转变为具备极强抗氧化能力的维生素 E（生育酚）。除抗氧化外，它还具备防止皮肤变粗糙的效果。

虾青素（雨生红球藻提取物）

虾类、蟹类、磷虾等甲壳类，鲑鱼等鱼类，还有雨生红球藻这种藻类中，都广泛存在着虾青素。它属于红色色素中胡萝卜素的一种。据说虾青素具备比维生素 E 还要高的抗氧化能力。含有高浓度虾青素的雨生红球藻提取物也受到广泛使用。在人类皮肤测试中，曾得出“具有改善皱纹效果”的结论。（医药部外品暂未承认其效果。）

泛醌（辅酶 Q10）

泛醌是能量代谢所需的重要成分，它具有抗氧化的效果。化妆品的配方禁止添加列表（第 203 页）收录有该成分，所以该成分的使用会受到一定限制。

抗坏血酸磷酸酯镁、抗坏血酸磷酸酯钠（APM、APS、维生素 C 衍生物）

该成分不仅有美白效果，据说高浓度添加后还对痤疮有效

这是一种维生素 C（抗坏血酸）衍生物。当它被皮肤吸收时，磷酸会从中脱离，剩下维生素 C 来发挥其抗氧化能力。也被称为即效型维生素 C。抗坏血酸磷酸酯镁由武田药品工业开发，抗坏血酸磷酸酯钠则由佳丽宝开发。现在有非常多的制造商使用这种成分。据说该成分也具有一定的抑制皮脂氧化，并以此来控制皮脂分泌的效果。

（5）接近真皮的成分→针对真皮的护理对于解决毛孔松弛问题来说十分重要

抗坏血酸棕榈酸酯磷酸酯三钠（维生素 C 衍生物） 弛

这种成分能够利用维生素 C（抗坏血酸）的功能——促进胶原蛋白生成、具备抗氧化效果，同时作为维生素 C 衍生物，它能够到达皮肤更深层的地方。但是该物质遇水后极易分解，所以很难处方化。

3-O-鲸蜡烷基抗坏血酸（维生素 C 衍生物）

这种成分是一种具有优秀稳定性的维生素 C 衍生物，它能够促成胶原蛋白纤维束的形成，从而起到抑制皱纹产生的功效。

棕榈酰三肽-5

能够促进真皮中的胶原蛋白合成，从而改善皱纹，是一种合成肽。

二棕榈酰羟脯氨酸

该成分是一种羟脯氨酸衍生物，是胶原蛋白所必需的氨基酸。它同时具备控制弹性蛋白分解酶活性的效果。

（6）能够达到在物理层面上降低皱纹及毛孔醒目程度的“柔焦”效果的粉末，最近被越来越多地用于护肤化妆品中

锦纶-6

它是锦纶系的合成共聚物。属于多孔质地，能够起到“柔焦”效果。

（1,4-丁二醇 / 琥珀酸 / 己二酸 /HDI）共聚物

它是一种合成共聚物，这种成分和二氧化硅组合在一起，能够起到“柔焦”效果。除此之外，它还能抑制面部区域出油以及皮肤油腻。

乙烯基聚二甲基硅氧烷 / 聚甲基硅氧烷倍半硅氧烷交联聚合物

它是源自硅油的一种球状粉末。和其他粉末相比，这种成分在使用感方面更加柔和顺滑。

② 洁面产品、卸妆产品

全缘叶澳洲坚果籽油

这是一种从澳洲坚果中提取的液状油脂。全缘叶澳洲坚果籽油和其他植物油不同，它富含人类皮脂中的一种成分——棕榈油酸（约 20%），能使肌肤变得柔软。

鳄梨油

从鳄梨果肉中取得的一种植物油。与其他植物油不同，鳄梨油中富含人类皮脂中的一种成分——棕榈油酸（约 6%），能使肌肤变得柔软。

稻糠油、油橄榄果油、马油

它们都是某种油脂，根据主成分脂肪酸的组合，呈现不同性质。含有油酸等不饱和脂肪酸的油脂，能够有效渗入皮肤，使肌肤变得柔软。

刺阿干树仁油

取自刺阿干树种子中的一种油，一般被称作“阿甘油”。特征是富含油酸和亚油酸，且含有丰富的抗氧化成分（维生素 E 等）。质感要比油橄榄果油更厚重一些，低温压榨后的刺阿干树仁油可直接作为护肤品使用。

酶类（木瓜蛋白酶、蛋白酶、脂肪酶等）

木瓜酶和蛋白酶能够分解蛋白质（废旧角质），脂肪酶则能够分解皮脂。它们都能对废旧角质和皮脂进行化学分解。

高岭土、膨润土（蒙脱石）等黏土矿物

它们都具有一定的吸附皮脂的效果。

西一总专栏 如何轻松去除顽固毛孔堵塞

毛孔堵塞的原因之一就在于“黑头”。黑头其实就是角质中的蛋白质和皮脂凝固之后的产物。使用和皮脂成分相近的“油脂系卸妆油”涂在毛孔堵塞的区域，等待 5~15 分钟之后，毛孔中的黑头就会软化，这时就很容易清除了。如果皮肤过于粗糙，那么泡 10~15 分钟的澡后再清洗会更有效果（一定要把脸上的水擦干再涂卸妆油）。只靠油脂本身是无法溶化黑头的，油脂的作用是让毛孔周围的皮肤变得柔软，从而减少黑头产生。使用这种方法不会对皮肤带来太多负担，所以同样建议敏感性皮肤人群使用。过度清洁毛孔会伤害到毛孔周边的皮肤，导致毛孔问题进一步恶化，所以还应做到一点，那就是“无须过度在意”。

使用和皮脂成分相近的“油脂系卸妆油”，适量涂在毛孔堵塞的区域。尽量不揉搓皮肤，让油脂柔和地渗入肌肤。

保持 5~15 分钟。在此期间可以泡个澡，然后打圈轻柔按摩即可。

经过一段时间，等油脂轻柔渗入肌肤后，用温水清洗掉，再开始洁面（如果感觉有些干燥，那么省略再次洁面的步骤也可以）。

如果只是程度较轻的黑头，完成一次上述步骤后应该就能清洁得很干净了。如果黑头情况比较严重，那么就每隔一到数日进行一次，坚持一个月后，毛孔的状态就会逐渐得到改善。

想要解决毛孔问题，最基本的就是采取“不揉搓、不拉扯、不使皮肤过度紧绷”的温和护肤方法，这是打造零毛孔的秘诀！

烦恼 7

痤疮、成人痤疮

痤疮的种类与产生原因

痤疮分为“青春期痤疮”“成人痤疮”和“慢性痤疮”三种。“青春期痤疮”是因皮脂分泌旺盛而产生的，“成人痤疮”则会在成年后仍反复出现在同区域。而“慢性痤疮”是从前两者衍生出来的，它会持续数十年，所以在日本又被称为“重症痤疮”。

1 青春期痤疮（多发于 T 区）

T 区
比较多发

年龄	10～20 岁
症状	白头粉刺、黑头粉刺、红痤疮、白色脓肿、痤疮疤痕（痤疮导致的色素沉淀，痘坑）
产生此类痤疮的主要原因	激素水平突然变化，于是过度分泌皮脂（参考第 124 页油性皮肤、分区出油）

年龄	多发于 20~50 岁
症状	白痤疮、红痤疮
产生此类痤疮的主要原因	激素水平突然变化，不规律的生活习惯、饮食习惯以及干燥引发的新陈代谢紊乱。

3 慢性痤疮

年龄	各年龄段都有可能（较多发生在青春期后至 40 岁的区间内）
症状	白痤疮、红痤疮、白色脓肿、痘印等全部症状
产生此类痤疮的主要原因	针对青春期痤疮或成人痤疮采取了不适当的护肤行为，而这种护肤方法又持续了很长一段时间，如长期使用杀菌剂等。

产生痤疮的原理

痤疮最开始的表现只是毛孔堵塞。堵在毛孔中的皮脂为皮肤常驻菌——痤疮丙酸杆菌提供养分，导致痤疮丙酸杆菌大量繁殖。过多的痤疮丙酸杆菌在毛孔中引发炎症，于是形成痤疮。

正常的毛孔会将皮脂腺分泌出来的皮脂传到皮肤表面，形成一层皮脂膜。这层膜能够维持皮肤表面的弱酸性环境，并起到保护皮肤的作用。此时的皮肤常驻菌——痤疮丙酸杆菌也是十分稳定的状态。

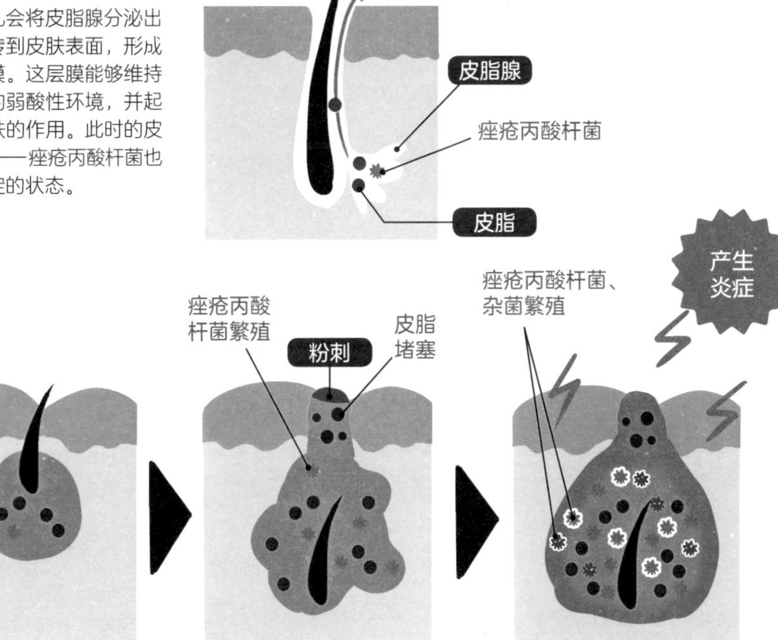

因各种原因导致毛孔周围的角质增厚，令毛孔出口变窄，便形成了容易堵塞皮脂的状态。

于是，角质和皮脂开始堵塞毛孔，形成粉刺[①]。毛孔堵塞后会形成一种易于痤疮丙酸杆菌繁殖的环境，此时毛孔呈白色，被称为“白头粉刺”，随后它会逐渐变黑，被称为“黑头粉刺”。

蓄积的皮脂为痤疮丙酸杆菌提供营养，使其进一步繁殖并引发炎症，于是形成了“红色痤疮”。再接下来，会进入脓肿阶段，成为“白色脓肿”。这一过程不断反复，加重后便会形成痘坑。

痤疮会按白→黑→红→白（色脓肿）的顺序逐渐发生变化。

① 粉刺指的是毛孔内皮脂和角栓阻塞起来的状态。又称“面疱”。

护理痤疮的要点

1 青春期痤疮

暂时的皮脂增加导致青春期痤疮。针对这种痤疮，最重要的就是洁面。洁面方法基本和油性皮肤、分区出油护理方法一样（参考第 126 页）。不过很多初中生和高中生可能还从未做过皮肤护理，所以其实只要选择正确的洁面方式并做好保湿，青春期痤疮就可能会缓解。此外，激素水平一旦平稳下来，青春期痤疮就能自然痊愈了。

POINT 1

洁面要一日两次，早晚各一次

青春期的皮脂分泌十分旺盛，废旧皮脂是刺激皮肤的原因。因此，必须保持皮肤清洁。可选用含皂基等清洁力较高的洁面产品，早、晚各一次，以 T 区为中心，认真清洁面部。

POINT 2

选择添加杀菌剂的药用化妆品，每周进行 1~2 次的特别护理

痤疮专用的药用化妆品，大多会添加“杀菌剂”，这种杀菌剂的主要作用是防止造成痤疮产生的“痤疮丙酸杆菌”过度繁殖。杀菌剂有很高的即效性，但是过度依赖这种物质，会导致我们皮肤的常驻菌群出现紊乱，出现慢性痤疮。一周使用 1~2 次添加杀菌剂的洁面产品即可，或是只在感觉皮脂分泌有些多的时候使用。

POINT 3

控制油分，认真做好保湿

痤疮丙酸杆菌是以皮脂等油脂为养分增殖的。如果要使用乳霜，应尽量少用含油脂的产品，尽量以补水保湿为主。此外，也推荐使用具有抗炎功效的药用化妆品。使用卸妆油之后，需要再清洁一遍面部，保证没有多余油分残留。

POINT 1

绝不能使用添加杀菌剂的药用化妆品

对于屏障功能低下的皮肤来说，药用化妆品中的杀菌剂很有可能会给皮肤带来伤害。如果持续使用，皮肤状况会进一步恶化，所以推荐使用添加抗炎成分的产品。

② 成人痤疮

因皮肤水分和油分失调，皮肤屏障功能（第 69 页）下降所产生的成人痤疮，和青春期痤疮所需的护肤方法完全不同。如果在更换化妆品时突发成人痤疮，很有可能是我们使用的卸妆产品或洁面产品的清洁能力太弱导致的，此时就应该重新评估一下使用的产品。

POINT 2

尽量规避干爽型的洁面产品，选择对皮肤更温和、更适合自己的洁面产品

有些人认为“之所以长痤疮就是因为油分太多”，于是便倾向于挑选干爽型的洗面产品。但其实出现成人痤疮并不是因为皮肤油分过多，而是因为水分太少，皮肤失衡导致的。因此，我们应该认真卸妆、柔和洁面、适当保湿、合理关怀皮肤才对。

POINT 3

保湿护理非常重要，还要再加上抗氧化成分

和洁面产品相同，很多人在选择痤疮护理的产品时同样倾向于选择干爽型。但其实，选择湿润的，甚至可以说有些过分黏稠的护理产品才更有必要。但是，皮脂等油分一经氧化就极易引发炎症，从而导致粉刺和痤疮的产生，所以应该尽量避免油分过高的产品。经氧化、分解后的皮脂容易成为痤疮反复出现的诱因，所以也建议使用一些抗氧化的成分。

③ 慢性痤疮（重症痤疮）

如果针对青春期痤疮和成人痤疮采取了错误的处理方法（尤其是使用杀菌剂），并持续了很长时间的话，皮肤的常驻菌和角质层状态就会出现异常，最后导致重症化。出现这种情况后就很难通过皮肤护理来恢复了。要治疗重症痤疮，需要去专业的门诊接受专业医治。

针对痤疮问题有效的 4 类成分

以下成分名为医药部外品或化妆品名称，( ) 内为通称

医 医药部外品的有效成分

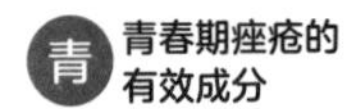
青春期痤疮的有效成分

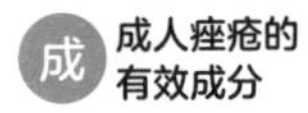
成人痤疮的有效成分

成人痤疮的禁用成分

白野实推荐

西一总推荐

1 抑制皮脂分泌的成分

大米精华 No.6

它是 2017 年新获得认可的医药部外品有效成分。它能够抑制皮脂腺的工作，从而达到抑制皮脂分泌的作用。这种功效已获得实践证明。(因 2018 年 4 月起刚刚开始出售相关产品，所以目前对于效果是否明显以及安全性等方面都尚未确定。)

吡多素 HCl（盐酸吡哆醇、维生素 B_6 衍生物）

该成分是一种具有抑制皮脂作用的维生素 B_6 衍生物。缺乏此类物质容易引发脂溢性皮炎。吡多素是一种医药部外品有效成分。

10-羟基癸酸

使用含量较高的 10-羟基癸酸，能够获得更佳效果！

这种成分也存在于蜂王浆中，所以也被称为蜂王浆酸。它能够起到控制皮脂分泌的效果，如溶解粉刺等。

2 抗炎成分（医药部外品有效成分）

⇨注意！长期使用有可能造成皮肤屏障功能下降，引发炎症。

甘草酸二钾

这是一种提取自甘草根部的成分。甘草酸具有很高的水溶性。它具备抗炎效果，并且能够改善敏感性皮肤症状，是一种十分常用的抗炎成分。

硬脂醇甘草亭酸酯

这是一种提取自甘草根部的成分。其中甘草亭酸酯（甘草酸衍生物）是一种油溶性极高的成分。它能起到近似类固醇一样的作用，具备抗炎的功效。注意，甘草酸二钾是水溶性的，硬脂醇甘草亭酸酯为油溶性的。

尿囊素

尿囊素存在于紫草的叶片以及蜗牛的黏液之中，是一种水溶性的抗炎成分，同时还具备治愈创伤的功效。它能够增强皮肤活性，帮助伤口愈合，常被用于医药品的创伤愈合剂中。

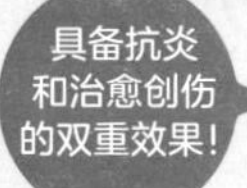

ε-氨基己酸（氨基己酸）

它和凝血酸（第 86 页）一样，都属于人工合成的氨基酸。具有止血和抗炎作用。它能够抑制炎症指示成分（纤溶酶）的活跃，从而改善皮肤粗糙的问题。此外，该成分还被用于医药品止血剂之中。

③ 杀菌成分（医药部外品有效成分）

⇨ 成人痤疮使用此类成分可能导致皮肤屏障功能下降，使皮肤状况进一步恶化，所以禁止使用！

异丙基甲基苯酚、邻伞花烃-5-醇

它是一种被广泛使用的杀菌剂。对痤疮丙酸杆菌及其他导致后背产生痤疮的真菌——马拉色菌都比较有效。

硫黄

它是在石油精制过程中产生的成分。具备很强的软化角质的作用。一直以来都同间苯二酚相配合使用。

间苯二酚

它是通过化学合成得来的物质。除杀菌效果外，还具备溶解角质的效果。一直以来都同硫黄相配合使用。

水杨酸

它是通过化学合成得来的一种成分。在自然界中广泛存在。除杀菌效果外，还具备清理老废角质的效果。常被用于刷酸产品之中。

④ 抗氧化成分

富勒烯

富勒烯的构造类似于一个由碳组成的足球形状。它较其他抗氧化剂的持续时间更长，在紫外线照射下仍具备极稳定的抗氧化力。

富勒烯的特殊构造能够防止抗氧化力下降。所以它也被称为“C_{60} 自由基海绵®”

生育酚磷酸酯钠（维生素 E 衍生物）

该成分将油溶性维生素 E 和磷酸相结合，最后形成了水溶性的维生素 E 衍生物。在皮肤内，它会转变为具备极强抗氧化能力的维生素 E（生育酚）。除抗氧化外，它还具备改善皮肤粗糙的效果。

该成分属于少数水溶性维生素 E 衍生物，具备抗炎效果

虾青素（雨生红球藻提取物）

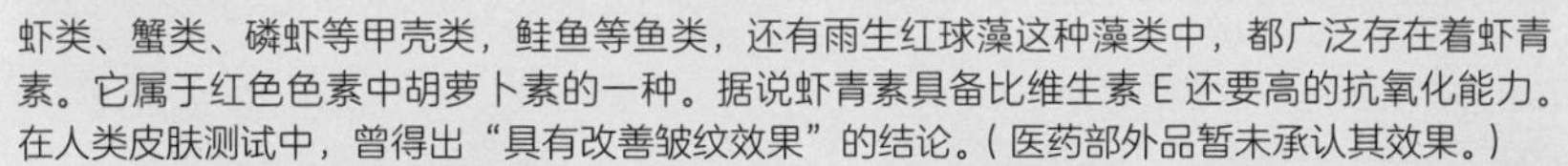

虾类、蟹类、磷虾等甲壳类，鲑鱼等鱼类，还有雨生红球藻这种藻类中，都广泛存在着虾青素。它属于红色色素中胡萝卜素的一种。据说虾青素具备比维生素 E 还要高的抗氧化能力。在人类皮肤测试中，曾得出“具有改善皱纹效果”的结论。（医药部外品暂未承认其效果。）

泛醌（辅酶 Q10）

泛醌是能量代谢所需的重要成分，它具有抗氧化的效果。化妆品的配方禁止添加列表（第 203 页）收录有该成分，所以该成分的使用会受到一定限制。

作为美白成分效果优异，提高浓度后对痤疮也十分有效！

抗坏血酸磷酸酯镁、抗坏血酸磷酸酯钠（APM、APS、维生素 C 衍生物）

这是一种维生素 C（抗坏血酸）衍生物。当它被皮肤吸收时，磷酸会从中脱离，剩下维生素 C 来抑制黑色素的制造活动。也被称为即效型维生素 C。抗坏血酸磷酸酯镁由武田药品工业开发，抗坏血酸磷酸酯钠则由佳丽宝开发。现在有非常多的制造商使用这种成分。具备一定的抑制皮脂分泌的效果。

需特别注意的成分

所有油脂

天然油脂会活化痤疮丙酸杆菌，所以使用油脂系美容油或乳霜时应格外注意。

甘油

高浓度的甘油会为痤疮丙酸杆菌提供丰富养分，使其增殖。

杀菌剂系

长期使用杀菌剂有可能使皮肤问题恶化。

蛋白酶  木瓜酶  等

敏感性皮肤使用此类成分有可能受到刺激，需谨慎。

羟基乙酸

属于 AHA[①] 中效力最强的一类成分，高浓度羟基乙酸是医疗机构进行化学性去角质时使用的成分。

① AHA：Alpha Hydroxy Acid（α-羟基酸）的简称。它是一种具有换肤作用的酸性成分，除羟基乙酸外，还包括比较温和的乳酸和苹果酸。可以通过调整 pH 对刺激感及换肤效果进行调整。

Q 痘印是如何产生的？

A 痤疮护理的另一要点就是如何治疗炎症。所谓炎症，其实就是一场细菌和身体的战争。这场战争打得越是激烈，作为战场的皮肤就会受到越多伤害，甚至可能残留痘印。此时，合理使用医药品能够控制炎症的加剧。炎症痊愈后，仍然建议坚持使用添加抗炎成分的护肤品。此外，炎症也会导致色素沉淀的发生，此时进行美白护理会很有效。不过可惜的是，这场“激烈的战斗”后留下的痘坑，的确很难靠化妆品来改善。不过只要有足够的耐心去进行护肤工作，情况也会随着时间的推移逐渐好转。

Q 为什么总在同一个区域反复长痘？

A 事实上，每个区域反复长痘的原因都各不相同。例如，额头长痘大多是因为前额区域皮脂本身分泌旺盛，再加之头发可能反复碰触前额皮肤，容易刺激前额长痘；而下巴等 U 区的痘痘则很难彻底治愈，还容易受月经周期影响而进一步恶化。因此，会给我们留下一种“一直在反复长痘”的印象。如果在额头长痘，可以选择一个不遮挡前额的发型。U 区的痘痘则比较棘手，往往乍看之下似乎已经痊愈，但是皮肤屏障能力还是很低，所以还有一点很关键，就是要做好保湿工作。

一定要留意出现痤疮的区域以及皮肤的状态，选择正确的护肤方法！如果选错了护理方法，就会产生反作用！

烦恼 8

暗沉

为何皮肤会显得暗沉

所谓暗沉，是指皮肤没有通透感，看起来不健康的一种皮肤状态。以下六大原因的综合作用会导致皮肤暗淡无光。每个人的情况不同，产生暗沉的原因也不同。

此外，暗沉除了会随着年龄增长逐渐加重之外，当我们疲劳、睡眠不足、正逢寒冷冬季，或是正在生理期时，皮肤也容易暗沉。因此，针对这一情况，不仅要做好全面的护肤工作，还要调整我们的生活习惯，经常按摩，促进血液循环和淋巴通畅。

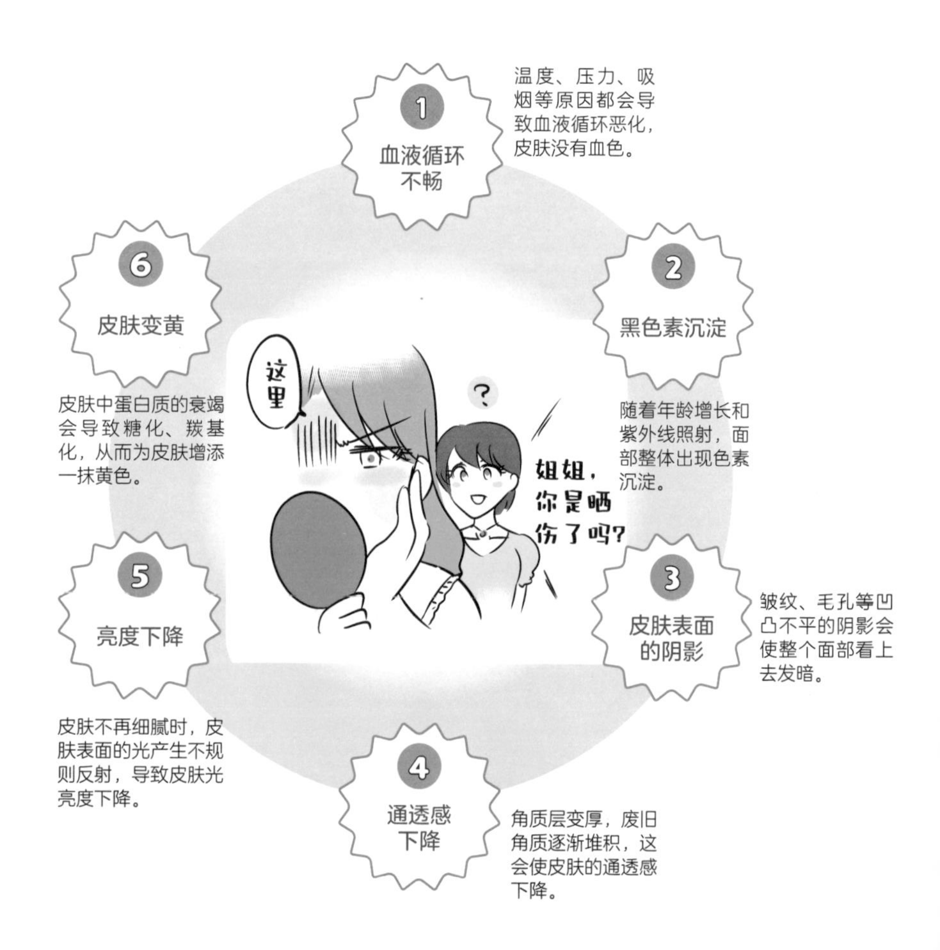
1
血液循环不畅
温度、压力、吸烟等原因都会导致血液循环恶化，皮肤没有血色。
2
黑色素沉淀
随着年龄增长和紫外线照射，面部整体出现色素沉淀。
3
皮肤表面的阴影
皱纹、毛孔等凹凸不平的阴影会使整个面部看上去发暗。
4
通透感下降
角质层变厚，废旧角质逐渐堆积，这会使皮肤的通透感下降。
5
亮度下降
皮肤不再细腻时，皮肤表面的光产生不规则反射，导致皮肤光亮度下降。
6
皮肤变黄
皮肤中蛋白质的衰竭会导致糖化、羰基化，从而为皮肤增添一抹黄色。
这里
?
姐姐，你是晒伤了吗？

令肌肤产生暗沉的“糖化”和“羰基化”究竟是什么

“糖化”和“羰基化”是皮肤的蛋白质（真皮中的胶原蛋白和弹性蛋白、表皮中的角质蛋白）发生变化的一种现象，也是导致皮肤老化和暗沉的原因之一。

什么是糖化？ 指蛋白质和糖结合，变成 AGEs（糖化终末产物）这种物质。

- 皮肤表面的细腻感变差
- 皮肤弹性下降，产生皱纹
- 皮肤变黄
……

原因

过量摄取糖分（以糖为主要成分的物质、碳水化合物）、紫外线、压力、吸烟、年龄增长，等等。体内的蛋白质会和剩余的糖分结合，再受体温加热后，劣化成黄色的蛋白质。

曲奇和烤松饼之所以是黄色的，也是因为“糖化”（小麦中的蛋白质和砂糖产生反应）。

什么是羰基化？ 指蛋白质和过氧化物质的分解物——醛类相结合（羰基化）的过程。

氧化分解

- 皮肤通透感降低
- 干燥
- 皮肤发黄
- 出现皱纹及松弛

原因

过量摄取脂质（甘油三酯或胆固醇）、紫外线、吸烟、压力、年龄增长等。体内的蛋白质和脂质的分解物相结合，便是羰基化。这两种物质结合之后，蛋白质会变性并显出黄色。

据说，阿尔茨海默病也是由于羰基化后的蛋白质不断蓄积而产生的。

针对暗沉的推荐护理法

皮肤暗沉会使我们整个人看上去很疲惫，容易给人一种十分阴沉的印象。为了改善皮肤状态，让我们来护理皮肤吧。如果是血液循环不畅导致的皮肤暗沉，就使用温感护肤法；如果是废旧角质导致的皮肤暗沉，就使用擦拭型的化妆水或刷酸等方式去除角质。但是，对于干性皮肤、敏感性皮肤的人群来说这种方法太过刺激，所以应小心使用。

面部按摩

通过按摩改善血液和淋巴循环。使用按摩霜或按摩油等易于在皮肤上推开的产品，同时尽量不要去用力拉扯、揉搓、刺激皮肤。甘油基底的温感凝胶能够带来发热感，同时也有去角质的效果。

整个手掌覆盖面部。

手法柔和地从内侧向外侧抚摸面部。

按摩耳朵下侧的耳下腺的淋巴。

面膜

碳酸泡泡面膜能靠空气层的保温效果提供一定的温感。洗去面膜时，多余的角质也可能被擦除掉。如果产品中加入了二氧化碳则可以进一步提高促进血液循环的功效。温感类型的面膜或是搭配热毛巾使用的面膜能够快速提高皮肤温度，起到一定的热循环效果。

擦拭型化妆水

使用擦拭型化妆水能够提高皮肤通透感。但是，请注意这种方法并不能去除黑色素。

其他

注意在日常生活中不要令血糖值升得太高。

使用磨砂凝胶或果酸（AHA）温和去除角质时的注意事项

为了缓和皮肤暗沉、去除废旧角质而使用磨砂凝胶（通称去角质凝胶）时，往往会产生刺激皮肤、皮肤干燥的问题。

这类产品经常会使用“竟然除掉这么多的废旧角质”这种宣传语，但这类凝胶只是添加了凝胶剂（如卡波姆），并把产品做得 pH 比较低，这种物质在揉搓之下会逐渐硬化，产生类似橡皮屑一类的物质。商家的广告语只是利用了这一特质而已。也就是说，使用磨砂凝胶搓出的并不是废旧角质和污垢，只是一些变硬的凝胶剂罢了。虽说磨砂凝胶是通过磨砂质地的物质同皮肤摩擦，继而将皮肤上的污垢带走，但并不意味用过后的那些橡皮屑一类的东西本身就是角质。

那么，这类产品难道就毫无去除角质的功能吗？当然并非如此。最近的一些磨砂凝胶会添加一些化学去角质成分，如“羟基乙酸”“苹果酸”等果酸（α-羟基酸）物质。使用这类产品摩擦皮肤，虽不至于出现角质纷纷掉落的效果，但也能稳定地发挥作用，使废旧角质逐渐变得容易脱落。果酸能够破坏皮肤表面的蛋白质，强制促使角质更新。因此，即便一款磨砂凝胶中只是添加了微量的果酸，长时间使用它来揉搓皮肤仍会使一些皮肤较脆弱的人感到皮肤发痒，受到刺激的角质也有可能出现保水力下降的情况。

此外，最近也有观点指出，使用添加了高浓度果酸的“去角质脚膜”是存在一定风险的。

针对产生暗沉的 6 种原因的有效成分

以下成分名为医药部外品或化妆品名称，( ) 内为通称

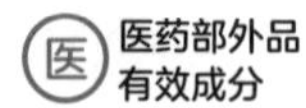

白野实推荐

1 血液循环不畅

生育酚乙酸酯、维生素 E 衍生物 医

将维生素 E 与醋酸相结合形成维生素 E 衍生物。进入皮肤内可转化为维生素 E。

类肝素 医

类肝素能够促进血液循环，改善暗沉。该成分不可用于化妆品中，添加此成分的医药部外品也不能说具备改善暗沉的功效。有调查显示，医药部外品中使用的类肝素，与医药品中的类肝素并不相同。

樟脑（DL-樟脑、D-樟脑）

樟脑中含有樟树的精油，能够起到促进血液循环的效果。除此之外，还具备抗炎、镇痛的效果。一些人在使用时皮肤会有刺激感，应谨慎使用。

小米椒果实提取物（辣椒酊）

这是一种从辣椒果实中提取的物质，以辣椒素成分等为主成分，由乙醇提取出来的物质成为辣椒酊。它属于禁止添加成分（第 203 页），有一定的配比上限。它通过刺激局部皮肤起作用，所以应谨慎留意其刺激性。

香兰基丁基醚

该成分和辣椒素构造相似，也是一种促进血液循环的物质。它提取自香草豆，经合成最终成型。香兰基丁基醚通过刺激局部皮肤起作用，所以应谨慎留意其刺激性。

葡糖基橙皮苷

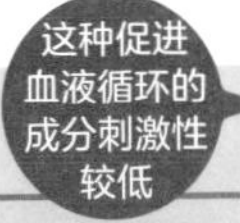

葡糖基橙皮苷是维生素 P（橙皮苷）水溶后的一种衍生物。橙皮苷是陈皮的主要成分，陈皮是用橘子皮炮制而成的一种药物。能够起到和维生素 P 类似的作用。

甲基橙皮苷

这种促进
血液循环的
成分刺激性
较低

甲基橙皮苷是维生素 P（橙皮苷）水溶后的一种衍生物。橙皮苷是陈皮的主要成分，陈皮是用橘子皮炮制而成的一种药物。除促进血液循环外，还有抗糖化的效果。

二氧化碳（碳酸）

将含有二氧化碳的凝胶涂抹在皮肤上，经皮肤吸收后，能够起到促进血液循环的效果。含有量依不同产品而定，一些比较有效果的产品使用后会让人的气色明显变好。

碳酸喷雾
制品能够
稳定添加
二氧化碳

② 黑色素沉淀

参考美白成分（第 86～88 页）。

③ 皮肤表面阴影

参考皱纹成分（第 100～103 页）、毛孔成分（第 135～139 页）。

④ 通透感下降

蛋白酶

蛋白酶是一种能够分解蛋白质的酶类。使用后，那些很难脱落的角质就会变得容易脱落了。蛋白酶容易在水中分解。有很少一部分人使用蛋白酶会产生过敏反应，对木瓜、奇异果等水果过敏者应谨慎使用。

木瓜酶

木瓜酶提取自未成熟的木瓜果实及叶片产生的乳汁。它是一种能够分解蛋白质的酶类，容易在水中分解。有很少一部分人会产生过敏反应，对木瓜、奇异果等水果过敏者应谨慎使用。

（卡波姆 / 木瓜蛋白酶）交联聚合物

该物质能够令木瓜酶稳定下来，同时促使那些很难脱落的角质变得更容易脱落。它能提高木瓜酶的稳定性、安全性和使用效果。

乳酸

α-羟基酸（第 149 页）的一种，在天然保湿因子中也含有这种物质。具备温和的去角质效果。

羟基乙酸

α-羟基酸（第 149 页）的一种，它是一种具有去角质作用的酸性成分。换肤效果好，但刺激性也很强。如果配比超过 3.6% 便是极浓物质，所以不能添加在化妆品中。

5 光泽度下降

参考干燥成分（第 118～121 页）。

6 皮肤发黄

⇨出现这种情况后很难改善，所以要提前预防！一部分植物精华针对糖化能够起到预防效果，针对羰基化则更推荐抗氧化类的成分。

甲基橙皮苷

甲基橙皮苷是维生素 P（橙皮苷）水溶后的一种衍生物。橙皮苷是陈皮的主要成分，陈皮是用橘子皮炮制而成的一种药物。除了促进血液循环外，还有抗糖化的效果。

暗沉
是“皮肤疲劳”的信号，
既要认真进行保湿护理，
也要好好休息，
这样才能恢复皮肤状态！

烦恼 9

黑眼圈

为何会产生黑眼圈

黑眼圈位于眼睛的下方，淡淡的一圈就会给人十分疲惫的印象。黑眼圈分为 3 种，出现黑眼圈的原因各不相同，处理方法也有所不同。首先，要确认一下自己的黑眼圈属于哪种类型。

1 青色黑眼圈：血液循环不畅型

区分方法

向下拉扯时颜色会变淡

主要原因

血液循环不畅、睡眠不足、压力、眼疲劳等

特征

眼睛周围的血液流动停滞，透过眼部较薄的皮肤，能够观察到青黑的颜色。

2 茶色黑眼圈：色素沉淀型

区分方法

无论怎样做，颜色都不会变淡

主要原因

摩擦、紫外线等强烈刺激以及干燥等

特征

眼睛下方有一些小小的斑点和色素沉淀，呈现出茶色。

3 黑色黑眼圈：松弛型

区分方法

向上看时颜色会变淡

主要原因

因干燥、年龄增加使眼周出现松弛、暗沉、小皱纹等

特征

眼皮松弛产生阴影，所以看上去是黑色的，眼部浮肿时会更加明显。

针对不同黑眼圈的护理方法

眼周皮肤厚度仅有面部其他部位的三分之一，是非常薄弱和敏感的部位。此外，因为眼睛会不停眨动，所以眼周的负担也很大。针对不同类型的黑眼圈，我们应该选择合适的护理方式。

大多数黑眼圈属于“青色黑眼圈”，它的成因是血液循环不畅。主要由睡眠不足和疲劳导致。只依靠化妆品来护理青色黑眼圈是十分困难的。虽然一部分化妆品中包含促进血液循环的成分，但这类产品同时也会刺激眼周皮肤，所以一般选择化妆品之外的护理方法比较有效。

青色黑眼圈：血液循环不畅型

促进血液循环及温感护理

进行促进血液循环的面部按摩（第 154 页），按压面部穴位。请勿用眼过度，保障良好睡眠。使用热毛巾和眼膜也能有效改善因受凉导致的血液循环不畅。

睛明穴
眼角内侧约 3 毫米左右位置。

太阳穴
两侧太阳穴。

四白穴
瞳孔下侧，骨头下沿 1 厘米左右位置。

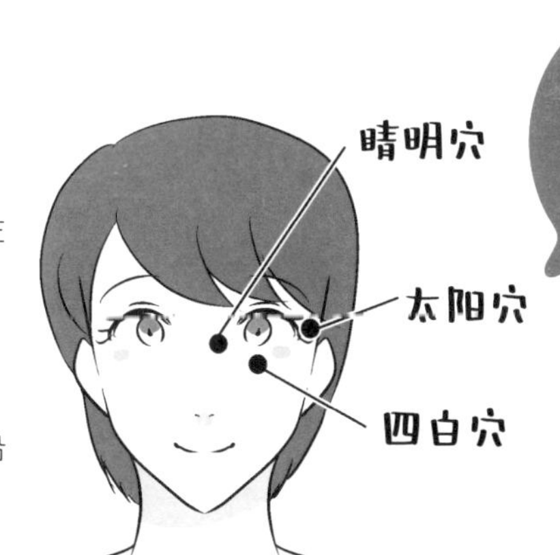

改善黑眼圈的三大穴位

使用食指指腹，用感到舒适的力道进行 3 ~ 5 回的按压动作。太阳穴的按压方式要向上提拉按揉。四白穴对青色黑眼圈及黑色黑眼圈都比较有效。坚持按压，时间稍长一点。

茶色黑眼圈：色素沉淀型

美白护理 第86页

产生茶色黑眼圈的主要原因是色素沉淀。采用和美白护理相同的方法比较有效，不过重点是要更加温和一些。应优先选择无须揉搓、较易吸收类型的眼部乳霜。需注意，一些物理方面的刺激（包括卸妆）是导致茶色黑眼圈恶化的主要原因。

黑色黑眼圈：松弛型

张力、弹力及水肿护理

第99页

选择和青色黑眼圈相同的方式，按压有效穴位，再加上能够消除眼皮和眼周松弛的眼周肌肉锻炼操，都能够有效改善黑色黑眼圈。此外，选择能够促进胶原蛋白产生的护肤方法，注意控制盐分、冷食的摄入，坚持运动、按摩淋巴，都能够起到很好的效果。化妆品的改善能力有限，不过注射透明质酸或进行下眼睑除皱手术，都是行之有效的办法。

紧闭双眼

猛地睁大

眼球循着“8”的形状转动

（1）眼睛紧紧闭上，坚持 5 秒，然后猛地睁大，再坚持 5 秒。以上动作进行 10 次。
（2）眼睛睁大，眼球循着 8 的形状转动，眉毛保持不动，不要上挑。如果无法控制眉毛上挑，就用手按在额头区域，阻止眉毛乱动。

针对黑眼圈的有效成分

以下成分名为医药部外品或化妆品名称，( ) 内为通称

对于敏感的眼周来说，效果强烈的物质会起到反作用。因为它们可能会刺激皮肤，从而产生色素沉淀。请多多注意！

生育酚乙酸酯

该成分能够促进血液循环，改善黑眼圈。

类肝素

该成分能够促进血液循环，改善黑眼圈。

金黄洋甘菊提取物

该成分能够促进血液循环，改善黑眼圈。

葡糖基橙皮苷

该成分能够促进血液循环，改善黑眼圈。

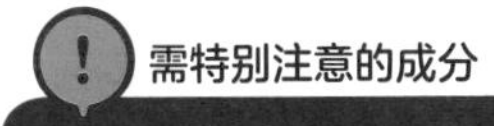

樟脑（DL-樟脑）第156页
小米椒果实提取物 第156页
香兰基丁基醚 第156页

西一总专栏

清洁不到位会产生茶色黑眼圈吗

茶色黑眼圈属于色素沉淀型黑眼圈，一般是因摩擦等反复刺激而产生的。一般情况下，女性中较多见这类黑眼圈。主要问题就出在“卸除眼妆”这一步上。

最近越来越多的眼部彩妆品牌推出了仅用温水即可卸除的产品，不过直到近些年，眼妆产品还是以防水类型为主。在卸除此类眼妆时容易对眼周产生不必要的刺激，从而发展成茶色黑眼圈。

针对已经产生了的茶色黑眼圈，可以选择美白护理时会用到的氨甲环酸这类控制炎症的成分，不过最重要的还是预防茶色黑眼圈的产生。

想要预防茶色黑眼圈产生，非常重要的一点就是在卸除眼妆时尽量做到手法轻柔。

要了解我们自己所使用的化妆品有哪些特性，从而选择合适的卸妆产品。如果使用的是温水可卸的化妆品，那当然最好不过。最大的问题在于使用乳液类等清洁力较低的卸妆产品，并用过度揉搓的方式试图去除那些很难卸除的防水型眼妆。这种情况下，我们很容易无意识地加重摩擦力度。针对防水产品，我们最好选择油类卸妆产品，温和卸除。

此外，最近一些案例显示，一些国家制造的睫毛美容液容易造成眼周色素沉淀。至此，我已多次强调，眼周是非常脆弱的，一定要慎用睫毛美容液。

黑眼圈的最大敌人是
睡眠不足和生活不规律，
单用化妆品是很难彻底
消除黑眼圈的，
所以请尽量选择
规律且健康的生活方式！

唇部结构

唇部决定着一个人的面部给他人带来的第一印象。实际上，上唇和下唇的性质是完全不同的。上唇是皮肤的延长，和面颊的皮肤相比角质层更薄，不存在汗腺［外分泌腺（第 67 页）］。下唇是口内黏膜的延长，既不存在角质层，也不存在颗粒层。正是因为唇部的这种特质，导致唇部皮肤的屏障功能较低，神经酰胺含量也非常少，因此保水力也很低，是需要特殊护理的部位。

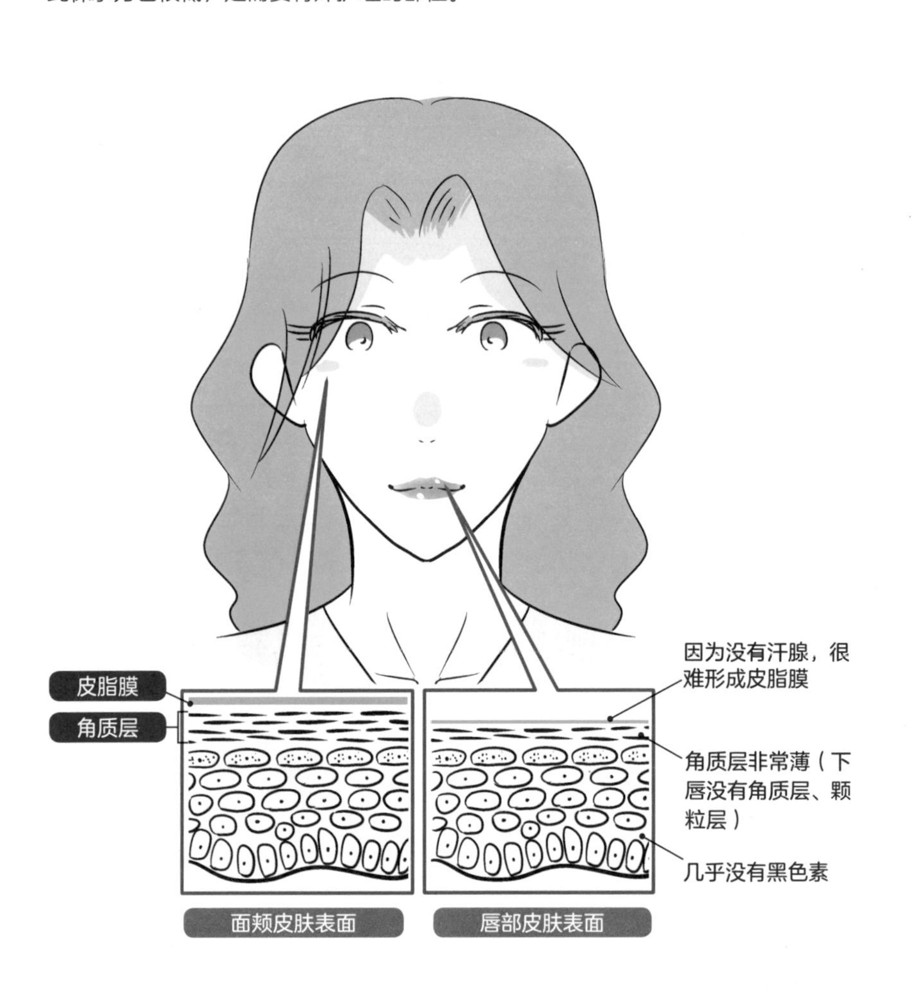

造成唇部干燥的 7 大原因

和身体其他部位的皮肤相比，唇部的皮肤是极易干燥、极敏感的。唇部不仅容易受紫外线影响，也很容易受染唇液中的染料、食物中的一些成分等影响而变得粗糙。此外，一些习惯舔嘴唇、咬嘴唇的人的唇部皮肤更易干燥，唇部也容易裂开或起皮，需要多加注意。强行去除死皮后，伤口被紫外线照射后更容易产生斑点。

皮肤屏障非常弱！

角质层的新陈代谢很快，屏障功能很弱。水分的蒸发速度也很快（大约是面颊的 5 倍），角质层的水分含量很少。

角质层很薄，极易受紫外线影响！

因为角质层不完全，水分含量很少，所以很难轻松剥落，使唇部容易裂开或起皮。受紫外线照射后，代谢更快，开裂起皮的状况更显著。尤其是上唇，非常容易受紫外线影响。

唇膏和口红中的成分造成刺激

唇膏和口红并不单纯包含保湿成分，还包含 DL-樟脑、小米椒果实提取物等能够微弱地刺激血液循环的成分。此外，薄荷醇（第 182 页）等成分容易刺激唇部，引发炎症。尤其是敏感性皮肤在使用时容易产生皮肤问题，应尽量规避。

食物成分的刺激

嘴唇很容易受到饮食、讲话等外部的刺激，和干燥的形成原因是相同的（同时容易变粗糙）。

神经酰胺的量要比其他部位更少

并不包含保护角质层屏障功能的“神经酰胺”。

包含“染料”的唇部产品等容易引发过敏

染唇液这种不易掉色，颜色持久的产品很受大众欢迎。不过其中大多数都添加了“染料”（第 190 页）。染料和颜料不同，它在焦油类着色剂中属于分子很小、容易产生色素沉淀并导致过敏的物质。所以一旦在使用唇部产品时感到不适，应注意避免再次使用。

长期使用医药品

一些医药品的唇部护理产品能够快速治愈唇部问题，但是如果长期使用这类产品，其副作用就容易使皮肤过敏，更容易变得粗糙。

护理唇部时，最应重视的是“补充油分”

将具有高保湿及保护膜效果的凡士林和与皮脂类似的油脂类均衡调配在一起制成唇膏，就能够起到防止水分蒸发的基本护理功效。尤其是在睡眠中，唇部极其容易干燥，应在睡前彻底涂抹润唇膏。唇部不含有神经酰胺，所以平时在使用含有神经酰胺的护肤品时，也注意重点涂抹一下唇部。唇膏中也包含化妆品、医药部外品、医药品这几种类别。建议大家先了解这几种类别的不同，再去挑选产品。如果一直坚持涂抹医药品类的唇膏，则容易产生副作用，导致唇部更容易变得粗糙。如果有唇部粗糙的烦恼，可以选择不含清凉的刺激性的薄荷醇和樟脑的产品。

唇部敏感者请使用不添加染料或添加染料种类较少的口红。不过，“天然染料”有时候也会造成唇部问题，不要因为是“天然”的成分就放松警惕。

唇部护理要点

- 避免使用容易使唇部脱皮的唇部用品。
- 食用辛辣食物，或饮用咖啡、红茶之后，一定要温柔地擦拭唇部。
- 属于医药品类的唇膏不宜日常使用。
- 有时补充神经酰胺和水分会很有效。

针对唇部护理有效的成分

以下成分名为医药部外品或化妆品名称，( ) 内为通称

有极高保护膜效果的油性成分

凡士林  第46页

神经酰胺类  第117页

具有柔软作用的油脂类成分

油橄榄果油等全部天然油脂类  第48页

抗炎成分

硬脂醇甘草亭酸酯  第136页

尿囊素  第136页

促进血液循环成分

生育酚乙酸酯  第156页

皮脂代谢促进剂

维生素 A  第100页

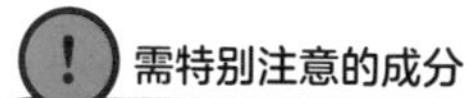
需特别注意的成分

樟脑（DL-樟脑、D-樟脑）第156页

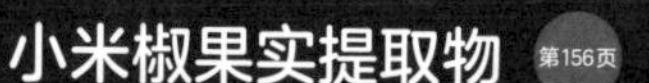
小米椒果实提取物 第156页

所有染料 第191页

属于医药品类的唇膏

唇部的日常护理可以使用“化妆品”类的润唇膏。请注意，不要过度使用医药品！

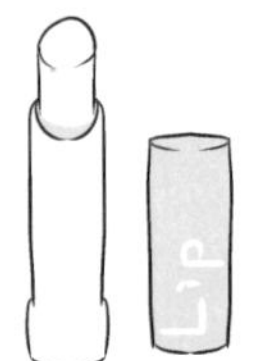

手部

手部皮肤干燥是如何产生的

手部很容易显现一个人的年龄，又很难遮挡。手掌的汗腺很多，也很发达，但没有皮脂腺。因为手部的皮肤没有受皮脂膜保护，所以很容易出现粗糙干燥。一旦开始出现问题就很难恢复，所以在情况恶化前，一定要仔细护理。

手部粗糙的基本原因，是使用清洁类产品（尤其是洗洁精类）导致手部表面“脱脂”。

- 保护手部皮肤的神经酰胺和皮脂在清洁的过程中被除去，皮肤的保水能力和屏障功能下降，结果导致手部皮肤粗糙。
- 手掌原本皮肤较厚，没有皮脂腺，油分少，所以产生脱脂作用时容易导致皮肤粗糙。
- 长时间清洗导致皮肤粗糙，而这种情况容易发生在平日里常做饭洗涤的主妇身上，所以也被称为“主妇湿疹”。
- 就算不接触清洁类产品，一些手用消毒剂和药用洗手液等也可能过度杀除手部细菌，从而导致手部粗糙。
- 药用洗手液中添加了杀菌剂，容易对手部皮肤产生刺激，所以严禁过度使用。比如，苯扎氯铵和异丙基甲基苯酚等物质。

护理手部皮肤的要点

手部皮肤粗糙的最大原因是使用洗洁精、洗手液、肥皂等造成手部皮肤“脱脂”。手部皮肤原本就只能分泌很少的皮脂，脱脂后手部的屏障功能会瞬间下降，从而产生干燥问题。手部护理基本要以预防为主，适当使用油分保湿也很重要。

用婴儿皂代替洗手液，刺激性更低

POINT 1

避免接触“清洁类产品”

要尽力避免接触洗洁精等清洁能力很高的清洁类产品，这是最有效的护手方法。使用一次性塑胶手套能够避免手部皮肤直接接触清洁产品。佩戴塑胶手套时内部容易滋生细菌，也易引发接触性过敏，所以并不是合适的办法。如果手部问题过于严重，建议使用洗发水时也戴上手套。

POINT 2

使用护手霜彻底保湿 & 保护双手

使用护手霜来保湿、保护双手能够起到一定作用。不过只要还在直接接触清洁类产品，使用护手霜就无法彻底解决手部问题（护手霜的种类及性能请参考第 173 页）。如果经常需要接触水，就使用保护作用较强的护手霜。普通情况下想要为手部保湿，就选择保湿效果较强的产品吧。

POINT 3

不要过度依赖抗炎产品和医药品

长期使用含有抗炎成分的护手霜和医药品（类固醇激素），虽暂时能够控制炎症，但是只要没有彻底避免接触清洁类产品，就无法从根本上解决问题。

POINT 4

依据个人判断突然停止使用类固醇激素是非常危险的

如果长期使用类固醇激素，突然停止就很容易导致皮肤问题恶化，所以应向相关医生咨询，逐渐降低使用量和使用频率，以达到控制使用医药品的目的。

针对手部皮肤干燥有效的成分

护手霜的分类

类型	主要的商品	主要成分	说明
保湿系（化妆品）	**天然油脂系护手霜**	植物油脂（全缘叶澳洲坚果籽油、刺阿干树仁油、油橄榄果油、马油、杏仁油、葵花籽油等）	以植物油脂为主成分。和皮脂的结构相似，滋润感强，且不易感到黏腻。再添加神经酰胺可令效果加倍
	水润系护手霜（凝胶系）	水性保湿成分（BG、甘油、透明质酸钠、氨基酸、胶原、卡波姆、聚季铵盐-51 等）	这种护手霜并非乳霜质地，而更接近凝胶质地。其中添加了微量油分，具有保水效果。特征是几乎毫无黏腻感
保护系（化妆品）	**乳木果油系护手霜**	乳木果脂	乳木果脂中的油酸和硬脂酸钠配比十分均衡，所以具有极高的屏障功能，特征是接近体温可熔化。使用时略有黏腻感
	烃油系护手霜	烃油（矿物油、角鲨烷、凡士林、异十六烷、异十二烷、石蜡等）	大多以“矿物油”和“凡士林”为主成分。几乎不会被吸收，保湿效果很弱，但是有极强的防止水分蒸发的功效，同时可以保护皮肤免受刺激
	芳香油系护手霜	芳香油［霍霍巴籽油、棕榈酸异丙酯、甘油三（乙基己酸）酯等］	使用感介于烃油系和油脂系之间，保护效果很强
有效作用系（医药部外品）	**尿素系护手霜**	尿素	成分以尿素为主。尿素能够分解角质，使其更为柔软，但也有可能刺激到发炎位部位，需要多加注意
	抗炎系护手霜	甘草酸二钾	具有抑制炎症的作用，能在一定程度上缓解手部皮肤问题。其副作用是可能会导致手部过敏，应注意不要长期使用
		硬脂醇甘草亭酸酯	
		尿囊素	
	促进血液循环系护手霜	生育酚乙酸酯	能够起到促进血液循环的作用，从而促进皮肤代谢，缓解手部皮肤问题。具有一定的刺激性
		DL-樟脑	
		维生素 A 油	

需特别注意的成分

尿素

尿素是一种皮肤保湿成分。当“尿素护手霜”内添加了高浓度尿素时，其分解皮肤角质、使角质更为柔软的特性，会导致炎症产生，并刺激皮肤。因此，因炎症导致手部粗糙不适合使用含高浓度尿素的护手霜。

乳液
化妆水
我还以为化妆品这种东西只要用了就好，
但是并非如此呀。
原来化妆品还要按照肤质来挑选，
我只会按照杂志推荐和网络评价购买化妆品，到最后有点搞不清楚该用什么了……我从来没想过可以选择能够解决皮肤烦恼的成分。
成分护肤
但使用美白产品，色斑却变多了
“斑点”也分很多种类，美白成分也有很多。不同的美白成分起到的作用也不同。
首先为了防止色斑产生应该做好预防对策
毛孔问题也分很多种，我虽然每周会敷一次面膜，不过没想到改变
每天洗面的方法，也能有这样大的变化。
我今天就尝试一下油脂系的卸妆产品吧！
无论是针对毛孔问题的面膜，还是其他护理产品，其实都是一样的！

它们本身并没有错，主要是使用方法有误，才使情况恶化。
因此，希望大家先了解问题产生的机制，再合理使用这些产品。
正在恶化
现在是信息量爆炸的时代，很多人反而不知道该用哪种产品更合适了。
每个人的肤质都是不同的，与其去选择热门商品，
不如先了解肌肤的相关知识，再去挑选适合自己皮肤的产品。

第六章

化妆品的基础知识③

~ 其他成分 ~

防腐剂和抗氧化剂可以用来维持化妆品的品质。着香剂（香精）和着色剂能够让产品的外观、气味更加出众。防晒剂（紫外线吸收剂、紫外线屏蔽剂）能够防止皮肤和化妆品受到紫外线造成的伤害……在这一章中，我们将介绍这些能够让大家放心使用各种化妆品的“其他成分”。

防腐剂

使用目的

防止细菌和真菌的增殖，保持化妆品不会腐败。

常用于化妆品中的防腐剂

成分名	特征
羟苯甲酯 羟苯乙酯 羟苯丙酯 羟苯丁酯	尼泊金酯类防腐剂是使用范围最广的一种防腐剂，在可发挥其抗菌特性的浓度下，有着极高的安全性，且毒性较低。少量使用便能在较广范围内有效对抗微生物
苯氧乙醇	和尼泊金酯类防腐剂一样，使用范围很广。不过该成分比尼泊金酯类防腐剂的抗菌能力要弱一些，所以需要较高的配比量。具有一定的挥发性
苯甲酸、苯甲酸钠（苯甲酸盐）	苯甲酸存在于安息香之中，安息香则是一种来自于天然树脂中的成分。多数化妆品会使用易溶于水的苯甲酸钠。根据 pH 不同，其防腐能力会产生变化。苯甲酸也适用于有机化妆品，常被纯天然化妆品所使用
水杨酸、水杨酸钠（水杨酸盐）	水杨酸是一种通过化学合成获得的成分，在自然界中也广泛存在。它具有杀菌防腐作用，并且还能溶解角质。根据 pH 不同，其防腐能力有所变化。水杨酸也适用于有机化妆品，常被天然类型的化妆品所使用
碘丙炔醇丁基氨甲酸酯	针对其他防腐剂比较难对付的真菌（霉菌等）效果显著。欧美系的化妆品一直使用这种成分
甲基异噻唑啉酮	通过化学合成得来的成分。少量添加即具有很强的效果。很多国家的产品会使用这种成分。近年来使用该成分造成皮肤问题的案例增多，所以敏感性皮肤人群请慎用该成分。不可用于黏膜
山梨酸、山梨酸钾（山梨酸盐）	存在于蔷薇科落叶乔木“花楸”未成熟果实的果汁中。化妆品中使用较多的是易溶于水的山梨酸钾。根据 pH 不同，其防腐能力有所变化。山梨酸也适用于有机化妆品，常被天然类型的化妆品所使用
脱氢乙酸、脱氢乙酸钠（脱氢乙酸盐）	通过化学合成得来的成分。根据 pH 不同，其防腐能力有所变化。脱氢乙酸也适用于有机化妆品，常被天然类型的化妆品所使用。此外，该成分较少吸附于刷头上，所以也常用在睫毛膏和彩妆产品中
氯苯甘醚	通过化学合成得来的成分。只需少量就有极高的抗真菌（霉菌等）效果。该成分较少吸附于刷头上，所以也常用在睫毛膏和彩妆产品中。有很多国家的厂商使用该成分，但在日本并不多见。不可用于黏膜

防腐剂以外的具有防腐作用的“其他成分”

成分名	特征	主要的添加目的
乙基己基甘油	甘油的衍生物。具备保湿效果的同时，还有除臭和软化皮肤的效果。具有很强的抗菌性，含量不到1%就能够发挥防腐效果	保湿剂
1,2-戊二醇（第41页）	具备一定的保湿效果和防腐效果，如果希望使其单独发挥防腐作用的话，用量需在2%~4%	保湿剂
1,2-己二醇（第41页）	1,2-己二醇的防腐能力要比1,2-戊二醇更高。不过添加量过大有可能会刺激皮肤。如果希望使其单独发挥防腐作用，用量需控制在1%左右	保湿剂
辛甘醇	辛甘醇要比1,2-己二醇的防腐能力更高，并且很难溶于水。具有一定的软化皮肤的作用。每个人使用该成分感受到的刺激程度也各有不同。添加不到1%即可产生防腐效果	保湿剂、皮肤软化剂
辛酰羟肟酸	源自天然成分，抗菌力较优秀。近些年越来越多的产品开始使用这种成分	螯合剂
苯甲醇	作为香精成分使用。它被认为是适用于有机化妆品的防腐剂，常被天然类型的化妆品所使用。在欧洲，制造商有标明该成分会引发过敏的义务（第185页）	着香剂

一般商品会将上述成分和前页的防腐剂组合使用，很多适合敏感性皮肤使用的化妆品可能会仅添加上述成分，并宣称是“无防腐剂”产品。

如果产品上写明“不含防腐剂”的话，按照规定，其中就不能含有任何“防腐剂”。但是，有一些产品使用上文中提到的成分的主要目的是用作“保湿剂”或“螯合剂”，而并没想要使用其防腐方面的功能。即便如此，这些成分还是具有防腐作用，这一点是毋庸置疑的。所以不可过度相信这一类产品没有任何刺激性。不要全盘照收商家的广告语，应该仔细阅读成分表后再做决定。

像这样，当产品中出现“××free”“××无添加”的字眼时，商家有义务将没有包含的具体成分展示出来。

表示该产品中不含有任何出现在允许添加列表（第203页）中的成分。

表示虽然没有添加尼泊金酯类防腐剂，但是添加了其他防腐剂。

西一总建议

关于防腐剂安全性的思考方法

化妆品开封后会混入很多杂菌，这些细菌的繁殖很有可能导致化妆品变质，甚至还有可能危及健康。因此，能够帮助我们放心使用化妆品的防腐剂等成分是不可或缺的。在日本，化妆品标准[①]中的允许添加列表（第 203 页）对能够在化妆品中添加的防腐剂的种类及最大添加量（最大浓度）有着严密且细致的规定。

日本主要使用的化妆品防腐剂

① 在所有化妆品中的配比均受限制的成分（精选）

成分名	100g 中的最大配比量 /g
苯甲酸钠	合计量 1.0
山梨酸钠	合计量 0.5
脱氢乙酸钠	合计量 0.5
尼泊金酯类	合计量 1.0
苯氧乙醇	1.0

一般情况下，最大配比量设定的值越高，意味着该成分本身越安全。设定值越低，则意味着该成分越容易造成刺激，或是会对健康造成一定风险（并非全部成分都符合这一规律）。

① 化妆品标准，即日本厚生劳动省自 2000 年 9 月 29 日颁发的化妆品成分的相关规定。其中设有禁止添加成分表（禁止添加列表，第 203 页），以及原则上为禁止使用，但部分例外可允许添加的用量限制成分表（允许添加列表，第 203 页）。

② 不同种类化妆品中的量受限制的成分（精选）

成分名	100g 中的最大配比量 /g		
	包含在不用于黏膜的化妆品中，需冲洗（清洁类成分）	包含在不用于黏膜的化妆品中，无需冲洗（护肤、基础美妆产品等）	包含在用于黏膜的化妆品中（眼部彩妆、口红等）
异丙基甲基苯酚	无上限	0.10	0.10
苯扎氯铵	无上限	0.05	0.05
三氯卡班	无上限	0.30	0.30
扁柏酚	无上限	0.10	0.050
吡硫鎓锌	0.10	0.010	0.010
吡罗克酮乙醇胺盐	0.05	0.05	禁止使用
碘丙炔醇丁基氨甲酸酯①	0.02	0.02	0.02
甲基异噻唑啉酮	0.01	0.01	禁止使用

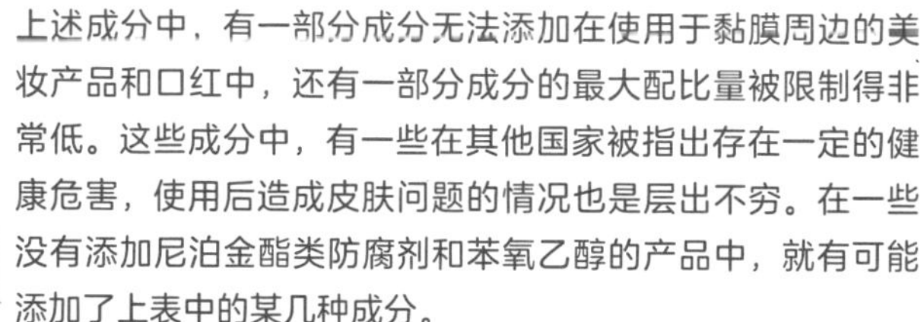

上述成分中，有一部分成分无法添加在使用于黏膜周边的美妆产品和口红中，还有一部分成分的最大配比量被限制得非常低。这些成分中，有一些在其他国家被指出存在一定的健康危害，使用后造成皮肤问题的情况也是层出不穷。在一些没有添加尼泊金酯类防腐剂和苯氧乙醇的产品中，就有可能添加了上表中的某几种成分。

① 不可添加于气溶胶中。引自日本化妆品标准（2012 年 9 月 29 日，日本厚生劳动省告示第 331 号）。

尼泊金酯类防腐剂是“恶人”？防腐剂的真相

选择化妆品时，很多人都会先确认一下其中是否含有“尼泊金酯类防腐剂”。这类防腐剂可以说知名度很高了。在很多人的印象中，宣称不含尼泊金酯类防腐剂的化妆品会对皮肤更温和、更安全。但事实果真如此吗?

尼泊金酯类防腐剂是一种被广泛应用于化妆品、医药品、食品中的防腐剂，它能够起到极好的抗菌作用。此外，它对人体的毒性较低，使用时也很少会出现刺激皮肤、产生过敏的情况。

日本关于化妆品有明确的规定:“如果在未开封且适宜环境下保存，则 3 年以上不会出现品质变化，因此并无标识使用期限的义务。”也就是说，一般的化妆品是能够保证在未开封情况下，3 年内不会变质。然而，化妆品在开封的瞬间，就会开始变质。开封后，化妆品会因接触空气或人手而氧化，也可能混入细菌。如果在这样的情况下，我们每天还把已经变质的化妆水和乳霜涂在脸上，后果不堪设想。

要想让人们长期且安心地使用化妆品，防腐剂是必不可少的。正因如此，大部分化妆品中都会添加防腐剂。尼泊金酯类防腐剂正是其中的一大代表，添加少量的尼泊金酯类防腐剂就可以保证化妆品不会腐坏，可以说，这种成分具有很高的抗菌力和安全性。在配比量方面，日本法律也有严格的规定（第 178 页）。此外，尼泊金酯类防腐剂的实际用量其实只有上限的五分之一而已。因此，除非已经知道自己的皮肤状况无法使用尼泊金酯类防腐剂，否则并没有必要拼命避开这种物质。我从事化妆品开发工作至今，接触过很多人。我注意到，其实皮肤较弱的人也有很多不同的类型。有一些敏感性皮肤无法使用尼泊金酯类防腐剂，也有一些肤质完全可以使用。此外，也有一些人虽然能用尼泊金酯类防腐剂，但却用不了苯氧乙醇，还有一些人两者都不能使用。

也就是说，我们每个人和这些成分之间的相容性都是各不相同的。不能因为自己是敏感性皮肤，就觉得只要挑选不含尼泊金酯类防腐剂的产品就可以彻底放心了。

尼泊金酯类防腐剂遭人厌恶的最大原因，就在于它曾经出现于旧版《指定标识成分》（第 16 页）中。但是，防腐剂也不是只有尼泊金酯类防腐剂这一种。一些国家的制造商会在化妆品中添加甲基异噻唑啉酮等，这类成分的用量上限非常低，而且有可能不适合亚洲人的肤质，有必要多加注意。产品上标识“无尼泊金酯类防腐剂”“不含尼泊金酯类防腐剂”等字样，虽然看上去似乎是在说明“没有添加防腐剂”，但其实很多化妆品只是用其他具有防腐功能的成分取代了它而已。比如前文提到的 1,2-戊二醇。这种成分常用于保湿剂，如果想要发挥其防腐功效，则需大量（2%～4%）添加，但这样也容易产生刺激性。我本身肤质并非十分敏感，但使用添加了和 1,2-戊二醇类型相同的 1,2-己二醇、辛甘醇的化妆品后会感觉刺激皮肤，所以我基本不会使用添加这类成分的产品。因为这些成分在表面上并没有被归类到防腐剂的类别之中，所以它们也不属于受制约的对象。这种情况在业界内其实也是有很大争议的。

此外，添加的防腐剂种类多就是危险——这种看法也是错误的。比起只添加单一种类的防腐剂，同时使用多种防腐剂能大幅增加产品的抗菌性，产品中包含的防腐剂的总配比量也会下降，相应地，给皮肤造成的负担也会更小。此外，无论是化学成分还是天然成分，每个人适合的成分都是不同的。请不要武断地认为“尼泊金酯类防腐剂＝不好的成分”，而是先确认一下一款化妆品中使用的所有成分，再去挑选适合自己肤质的产品。

着香剂
（香精）

使用目的

为化妆品增添香味。

香精包含很多种类，既有挥发性的醇类或醛类，也有芳香性酯类，如合成麝香、来自天然植物的精油，等等。目前，用于化妆品的香精已经超过了3000种。

香精大致可分为从天然物种提取的“天然香精”和化学合成制造出来的“合成香精”两种。

天然香精（精油）

这是一种从自然界存在的植物中提取出来的芳香成分。一般指的是薰衣草油、玫瑰油等精油。精油是一种包含数十乃至数百个芳香性化学物质的浓缩物。一款产品如果包含多种芳香成分，就能够呈现更有层次感的香气。此外，使用基础油（多为植物油）将精油稀释，就获得了芳香油。

合成香精

合成香精分为3种：

① 单离香精——从天然香精所含的芳香成分中提取特定的芳香成分，就是单离香精。

② 半合成香精——将单离香精进行化学合成，获得的就是半合成香精。

③ 合成香精——从石油等物质中提取到的完全合成物质。

也就是说，虽然以上3种都是“合成香精”，但是根据分类的方法不同，其中不少也是源自天然物质，如使用于清凉剂中的薄荷醇、柑橘系芳香成分的苧烯等。此外，因为合成香精多为单一成分，所以不纯物质较少，安全性更高。不过，它很难提供天然精油那样有层次感的香味。

几种主要的天然精油

标识名称	说明	主要功能
依兰油	从依兰花中提取的精油	放松、杀菌、消毒、防虫
橙皮油	从橙子果皮中提取的精油（根据不同提取方法，有一些会含有光毒性成分，用在化妆品中时一般会将这部分成分去掉）	抗炎、镇痛、放松
留兰香油	从留兰香中提取的精油	抗炎、镇痛、杀菌、防腐、收敛、清凉
茉莉花油	从茉莉花中提取的精油	放松、舒缓肌肉
鼠尾草油	从鼠尾草中提取的精油	收敛、洗净、杀菌、消毒
香叶天竺葵花油	从天竺葵的花中提取的精油	杀菌、消毒、收敛、放松
欧百里香油	从百里香全株中提取的精油	收敛、杀菌、消毒、清凉
澳洲茶树油	从互叶白千层中提取的精油	杀菌、消毒、收敛、防虫、防腐
薄荷油	从薄荷中提取的精油	清凉、放松、防虫、防腐、杀菌、消臭、收敛、消毒
香柠檬果皮油	从香柠檬的果皮中提取的精油（根据不同提取方法，有一些会含有光毒性成分，用在化妆品中时一般会将这部分成分去掉）	抗炎、消毒、防虫、放松
蓝桉油	从蓝桉叶片中提取的精油。除蓝桉油外还有蓝桉叶油	杀菌、消毒、防虫、防腐
柚果皮油	从柚子果皮中提取的精油	杀菌、镇痛、抗炎、放松
薰衣草油	从薰衣草中提取的精油（日本近些年关于薰衣草油使用后过敏的案例逐渐增多）	抗炎、镇痛、放松、杀菌、消毒
柠檬果皮油	从柠檬的果皮中提取的精油（根据不同提取方法，有一些会含有光毒性成分，用在化妆品中时一般会将这部分成分去掉）	提神、杀菌、收敛
柠檬香茅油	从柠檬香茅中提取的精油	放松、促进食欲、收敛、杀菌
玫瑰油	从玫瑰花中提取的精油	消毒、收敛、杀菌、放松

关于香精（天然精油）的致敏性

用于化妆品的香精有 3000 种之多！在日本，商家需要遵循全成分标识的规定，但无须把构成香精的成分一一展示出来（第 7 页）。在欧洲，如果以下 26 种香精成分的含量超过了规定，商家就必须以“过敏原”的形式将其标识出来。除此之外，一些天然精油也会含有以下成分。因为是天然的，所以能够放心使用，这样的想法是片面的，请多加注意！

成分名	所含天然精油的例子
2-辛炔酸甲酯	
茴香醇	香草
戊基肉桂醛	
戊基肉桂醇	
苯甲酸苄酯	依兰花、肉桂、茉莉精油、安息香酊
异丁香酚	依兰花
α-异甲基紫罗兰酮	
树苔提取物	
丁香酚	依兰花、肉桂、丁香、桂皮、茉莉精油、肉豆蔻、罗勒
香豆素	桂皮
肉桂醇	肉桂
肉桂醛	肉桂、桂皮
肉桂酸苄酯	安息香酊
香叶醇	依兰花、香茅、天竺葵、百里香、橙花油、芳樟、柠檬香茅、玫瑰
水杨酸苄酯	依兰花
柠檬醛	亚香茅、肉豆蔻、橙花油、蓝桉、柠檬香脂草
香茅醇	亚香茅、天竺葵、肉豆蔻、蓝桉、玫瑰
橡苔提取物	
羟异己基 3-环己烯基甲醛	

续表

成分名	所含天然精油的例子
羟基香茅醛	
金合欢醇	依兰花、橙花油、鲁沙香茅
丁苯基甲基丙醛	
己基肉桂醛	
苯甲醇	依兰花
芳樟醇	白芷、依兰花、白千层树、樟脑、胡萝卜籽、茉莉精油、生姜、宽叶薰衣草、鼠尾草、天竺葵、苦橙叶、罗勒、酸橙、薰衣草
苧烯	白芷、橙子、新西兰茶树、白千层树、樟脑、胡萝卜籽精油、快乐鼠尾草、香茅、宽叶薰衣草、留兰香、鼠尾草、芹菜香籽、互叶白千层、肉豆蔻、苦橙叶、乳香、香柠檬、柠檬、柠檬香茅

参考:《芳香疗法科学》

和其他成分一样，化妆品中添加的香精和精油无论是天然的还是合成的，都无法把使用时让皮肤感到不适的风险降为零。香味，其实是一种低分子成分，它很容易被皮肤吸收，同时也有可能导致皮肤出现问题。一些成分属于旧版《指定标识成分》(第 16 页)中的成分，所以制造商有将其标识出来的义务。敏感性皮肤，尤其是处于敏感时期的肌肤尤其需要注意。然而，化妆品是一种诉诸五感的物品，“香味”也是它的一大要素。请先辨别一款产品是否适合自己的皮肤，再好好享受香气吧！

香精的安全性正与时代共同进步

有时使用香精会给皮肤造成负担，所以香精业界和化妆品业界一直遵循严格的机制，自主限制香精成分的使用。香精业界设立了“国际日用香精研究所”（RIFM），旨在研究更安全的香精使用方法，并针对各香精成分做出安全性的相关评测。而世界性香精业界组织——“国际香氛协会”（IFRA）则会遵循 RIFM 的评测结果，提供对消费者及环境更为安全的产品。例如，决定放弃使用一些香精成分，或是根据化妆品性质不同，设定不同的使用量上限等。此外，天然香精中也存在光毒性或光敏性成分，该组织还会负责找出香精中所含的哪些物质造成了光毒性或光敏性，并进一步开发出不包含这两类成分的安全香精。

随着时代的发展，香精的研究不断推进，使用日益规范，如今我们已经能更加放心地使用香精了。虽然一些常销的经典款化妆品的香味始终没变，但其实，每当标准发生变动时，制造商都会不断改良产品成分，同时努力做到不被消费者发现。

香精安全性的相关国际组织

国际香氛协会
IFRA
Internet Fragrance
Association

国际日用香精研究所
RIFM
Research Institute for
Fragrance Materials

参考：日本香精工业会。

“植物油”与“植物精油”的区分方法

油脂和精油都会用于化妆品之中，二者在名称方面也基本都按照“植物名（原料名）+ 部位 + 油”来表示，乍一看似乎很难区分，不过我们可以通过观察成分是从植物的哪个部分提取的来区分。

天然油脂
（参考第 45 页）

油脂来自于动植物储存的能量，所以植物油一般是从植物的“里面”提取的。
主要来源有“果实”“种子”“胚芽”“核”等。

例如：
油橄榄果油、山茶籽油、刺阿干树仁油、鳄梨油、大豆油、全缘叶澳洲坚果籽油、椰油、稻胚芽油、甜扁桃油、杏仁油。

精油

芳香成分（精油）属于向外扩散的成分，所以一般提取自植物的“外皮”。
主要来源有“皮”“花”“叶”“树皮”等。

例如：
柚果皮油、柑橘果皮油、薄荷油、迷迭香油、柠檬香茅油、鼠尾草油、玫瑰油、蓝桉油、薰衣草油。

着香剂（香精）

从植物中获得的天然成分大致分为 3 种：天然油脂（第 48 页）、精油、植物精华（提取物）。

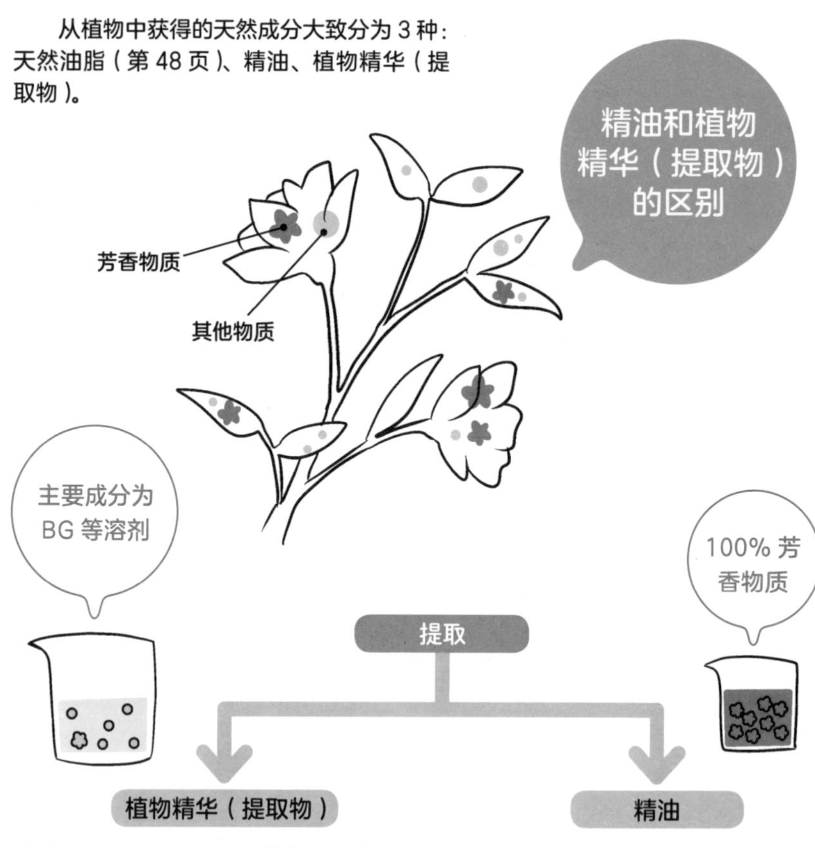

植物精华（提取物）

通过溶剂（水、乙醇、BG 等），从植物中提取出各种各样的成分，这就是植物精华。在全成分标识中，精华成分（固体成分）是通过换算量标识的，所以大部分情况下显示占比都不足 1%。例如，甘草根精华中的甘草酸只需添加极少量就可以发挥功效。还有辣椒果实中的辣椒碱，也是只添加少量便会产生刺激性。也有一些制造商从稳定性和成本角度考虑，选择添加极微量的精华。不过可惜的是，无论情况属于以上哪一类别，我们都很难在成分表中看到。

精油

提取植物芳香成分所得到的便是精油。因为其浓度为 100%，所以对皮肤的生理功能以及由香气带来的舒缓效果都很强，在芳香疗法中被广泛使用。相应地，精油也比较容易导致刺激和过敏。

按照不同的皮肤烦恼，选择不同的植物提取物

用在化妆品中的植物提取物，是用非常多样的溶剂提取出来的（除水以外，还包括 BG 等保湿剂或角鲨烷等油类）。因此，即便是同一种标识名称的提取物，所含成分也可能不同。此外，这些植物的产地也是左右其功效的一大因素。“×× 提取物有美白功效”等字眼，容易给人造成一种“所有 ×× 提取物都能起到美白效果”的误解，所以在此不会标明更推荐使用哪种成分。一般化妆品中广泛使用的植物提取物如下：

植物提取物人气榜

排位	提取物名称	主要作用	商品数（个）
1 位	母菊提取物	美白、收敛、抗氧化、香精 （参考第 86 页美白成分“母菊提取物”）	2950
2 位	库拉索芦荟叶提取物	抗炎、镇痛、保湿	2411
3 位	茶叶提取物	抗菌、抗氧化、收敛	1933
4 位	迷迭香叶提取物	抗菌、抗氧化、收敛、香精	1895
5 位	金盏花花提取物	香精、抗炎	1348
6 位	狗牙蔷薇果提取物	抗菌、抗氧化	1342
7 位	药鼠尾草叶提取物	杀菌、消毒、抗氧化、抗炎、香精	1240
8 位	光果甘草根提取物	抗炎、保湿、抗过敏 （参考抗炎成分“甘草酸二钾”）	1155
9 位	薰衣草花提取物	香精、收敛、抗菌	1097
10 位	山金车花提取物	香精	1022
11 位	人参根提取物	促进血液循环、促进代谢活性	977
12 位	柠檬果提取物	香精、收敛、抗菌	903
13 位	桃叶提取物	抗氧化、保湿	760
16 位	问荆提取物	抗菌、收敛、消毒、抗氧化	663
17 位	藻类提取物	保湿	623
20 位	川谷籽提取物	保湿、抗炎	516
23 位	苹果果提取物	抗氧化、保湿	430

※ 以上排行参考 Cosmetic-info.jp，是通过植物提取物相关原料数量前 30 名的使用商品数计算出来的。虽然非登录成分和配合商品数量很大，但是相关原料较少的成分也有可能无法反映在该排行表之中。因此，我们将位于靠后位置的一些较有名的成分放在前面，并进行筛选，最终得出上面的表格。

着色剂

使用目的

为化妆品及皮肤添加色彩，也能从视觉上使化妆品看起来更美观。

着色剂包含从红花等植物中提取的天然色素（比较有代表性的有无机颜料——氧化铁、二氧化钛），以及从石炭、石油等焦油系原料中通过化学合成得到的焦油类着色剂。化妆品中所使用的焦油类着色剂，分为“颜料”和“染料”两种。

基本安全

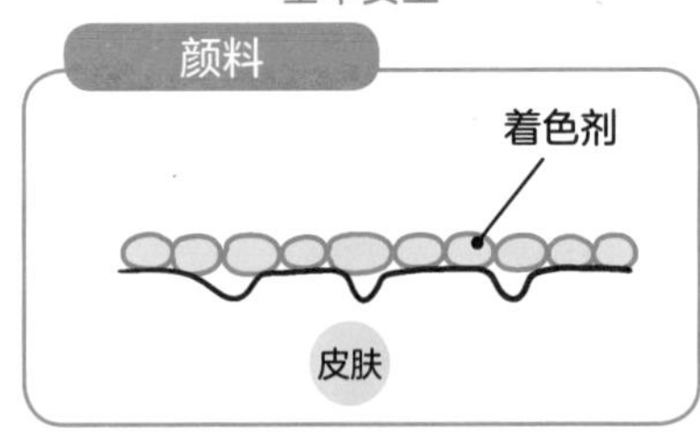

着色剂是粉状的，粒子较大，无法深入到皮肤表面的纹理中。附着性差，色素不会固定下来，显色方面比较稳定。对皮肤及黏膜来说，安全性较高，刺激性较低。

有致敏风险

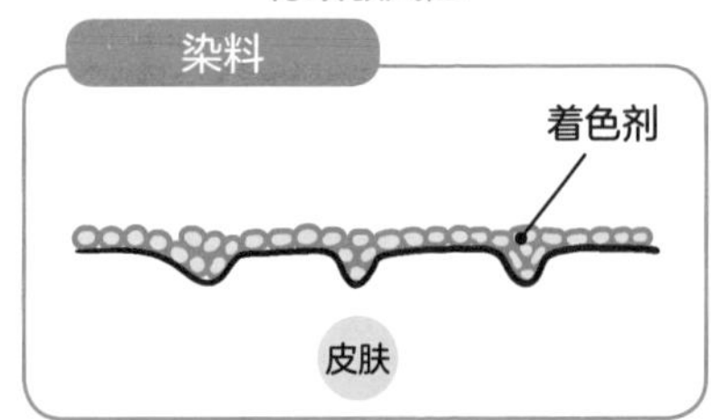

粒子非常小，能够彻底深入到皮肤表面的纹理中。附着能力非常强，显色鲜艳。会直接染在皮肤上，形成色素沉淀。对皮肤及黏膜来说，安全性较低，具有一定的刺激性。

染料分为“酸性”“碱性”“油性”及“还原”四大类。当染料附着在皮肤上产生化学反应时，它会结合角质等蛋白质引发过敏症。一定要多多注意。

1 酸性染料

呈酸性时显色。因为我们的皮肤是弱酸性的，所以化妆品中常常添加这种类型的染料。

2 碱性染料

呈碱性时显色。一般不会在化妆品中使用。

3 油性染料

直接将油染色得到的染料。因为使用的是已经染过色的油，所以相对比较安全。

4 还原染料

经过氧化还原反应后显色。该类型染料反应性最高，基本不会添加在化妆品中，只有很小一部分产品会使用这类染料。

按焦油类着色剂色号顺序排列的颜料、染料速查表

焦油类着色剂中的成分有可能引发皮肤问题，并且有研究显示其可能有一定的致癌性。因此，日本厚生劳动省在“可用于医药品之中的焦油类着色剂类别省令”中，列举出具有安全性的 83 种法定色素，只有这 83 种法定色素被允许使用。皮肤脆弱的人应该尽量避免使用染料，尽量选择使用颜料产品。焦油类着色剂一般是按照“颜色＋数字”显示的，如红 201、蓝 1。

参考以下这份速查表，能够通过颜色和数字迅速判断一种成分属于颜料还是染料。

颜色种类	颜料	染料
红	201	2（酸）
	202	3（酸）
	203	102（酸）
	204	104-（1）（酸）
	205	105-（1）（酸）
	206	106（酸）
	207	213（碱）
	208	214（油）
	219	215（油）
	220	218（油）
	221	223（油）
	228	225（油）
	404	226（还）
	405	227（酸）
		230-（1）（酸）
		230-（2）（酸）
		231（酸）
		232（酸）
		401（酸）
		501（油）
		502（　）
		503（酸）
		504（酸）
		505（油）
		506（酸）
绿		3（酸）
		201（酸）
		202（油）
		204（油）
		205（酸）
		401（酸）
		402（酸）

颜色种类	颜料	染料
蓝	404	1（酸）
		2（酸）
		201（还）
		202（酸）
		203（酸）
		204（还）
		205（酸）
		403（油）
橙	203	201（油）
	204	205（酸）
	401	206（油）
		207（酸）
		402（酸）
		403（油）
黄	205	4（酸）
	401	5（酸）
		201（酸）
		202-（1）（酸）
		202-（2）（酸）
		203（酸）
		204（油）
		402（酸）
		403-（1）（酸）
		404（油）
		405（油）
		406（酸）
		407（酸）
褐		201（酸）
紫		201（油）
		401（酸）
黑		401（酸）

（酸）——酸性染料　（碱）——碱性染料　（油）——油性染料
（还）——还原染料　（　）——种类不明

参考：癸巳化成株式会社 / 株式会社 TAKETOMBO 官方主页（https://www.taketombo.co.jp/index.htm）。

防晒剂

使用目的

防晒剂是一种能够防止皮肤因受紫外线照射而导致晒伤的成分。添加微量的该成分，也能起到保持化妆品品质的作用。

添加在防晒产品中的防晒剂分为“紫外线吸收剂”和“紫外线屏蔽剂”两种。

紫外线吸收剂是什么

紫外线吸收剂对紫外线有特异的吸收功能。在吸收紫外线后，它还能使其结构产生变化，变成安全的能量（如热量）后释放出来，继而再回到原本的状态中。紫外线吸收剂大多是油性成分，使用时不会造成干燥和紧绷感，不过根据成分不同，有一些紫外线吸收剂有可能会刺激到皮肤。

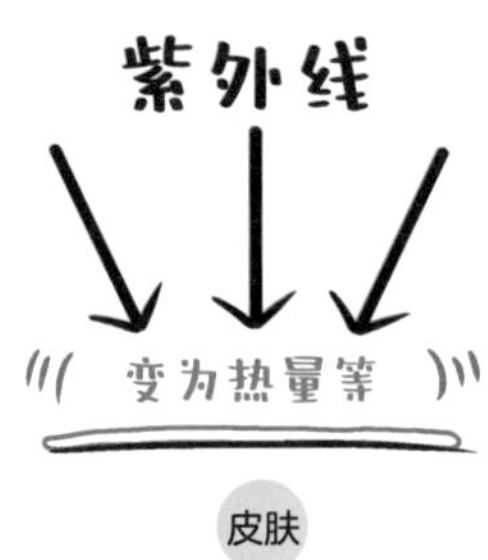

优点	不会泛白、不会有粉屑感 不干燥 易于添加 价格相对低廉
缺点	因人而异，一部分人使用时会有刺激感 一部分吸收剂在紫外线照射下会逐渐劣化 有些类型的吸收剂会有比较特别的油腻感

为了克服以上几大缺点，一些改良性质的紫外线吸收剂正逐一被开发出来。
例如：UVA 吸收剂有二乙氨羟苯甲酰基苯甲酸己酯
UVB 吸收剂有奥克立林、聚硅氧烷-15 等

紫外线屏蔽剂是什么

紫外线屏蔽剂是一种微粒子成分，能够过滤并接受可视光线透过，只从物理上将紫外线反射出去，从而保护我们的皮肤。紫外线屏蔽剂属于白色粉末。一部分含有屏蔽剂的制品可能会有泛白、粉屑感等情况。在紫外线防御能力方面，屏蔽剂要比吸收剂差一些。

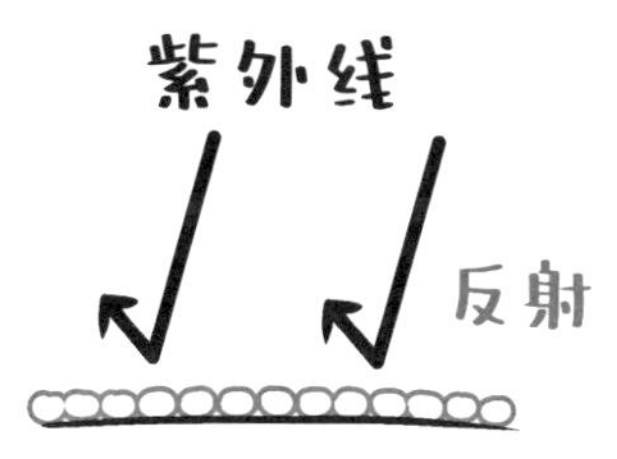

优点	刺激性较低 没有油腻感 不会因光照导致劣化
缺点	靠凝集（粉末间互相粘连）力来防御紫外线的能力较低 容易泛白，令皮肤感到干燥 具有光触媒的作用（二氧化钛） 会溶出离子（氧化锌）

为了解决以上缺点，大部分产品会在粉末表面覆上油类。

无化学成分的意思是什么

无化学成分指的是一款防晒产品中没有添加通过化学性物质来吸收、防御紫外线的“紫外线吸收剂”。但是它不意味着没有使用合成成分，这一点需要注意。

日本经常使用的紫外线吸收剂

成分名	擅长对付的紫外线		最大配比浓度 / %	
	UVA	UVB	护肤和基础美妆	眼妆、口红等
甲氧基肉桂酸乙基己酯		○	20	8
丁基甲氧基二苯甲酰基甲烷（阿伏苯宗）	○		10	10
二乙氨羟苯甲酰基苯甲酸己酯	○		10	禁止添加
甲酚曲唑三硅氧烷	○		15	禁止添加
奥克立林		○	10	10
二苯酮-3	○	○	5	5
双-乙基己氧苯酚甲氧苯基三嗪	○	○	3	禁止添加
二苯酮-4	○	○	10	0.1
二苯酮-5	○	○	10	1
水杨酸乙基己酯		○	10	5
亚甲基双-苯并三唑基四甲基丁基酚	○	○	10	禁止添加
聚硅氧烷-15		○	10	10
对苯二亚甲基二樟脑磺酸	○		10	禁止添加
苯基苯并咪唑磺酸		○	3	禁止添加

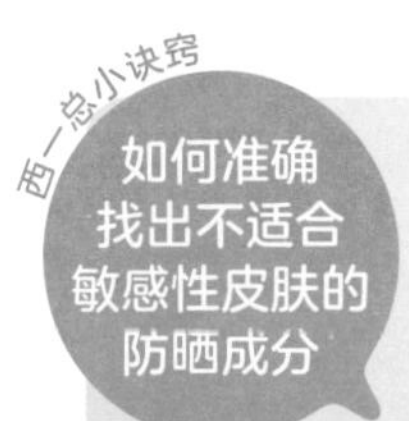

西一总小诀窍
如何准确找出不适合敏感性皮肤的防晒成分

紫外线吸收剂容易对敏感性皮肤造成刺激，参考日本化妆品标准中所规定的“最大配比浓度”，能够推导出不同的吸收剂对皮肤的刺激强度。如果是不能添加于眼妆、口红等会触及黏膜周围的成分，即便最大配比浓度数值较低的产品也容易产生刺激。此外，紫外线屏蔽剂没有相对应的配比规定，这类成分刺激性都很低。

日本经常使用的紫外线屏蔽剂

成分名	UVA	UVB	可能的配比量 / %
二氧化钛	弱	强	无限制
氧化锌	强	弱	无限制

加速光老化的两种紫外线，及其对皮肤产生的影响

紫外线分为 UVA（紫外线 A 波）、UVB（紫外线 B 波）和 UVC（紫外线 C 波）三种。能够照射到地面的紫外线为 UVA 和 UVB 两种，这两种紫外线都与皮肤老化有很大关联。

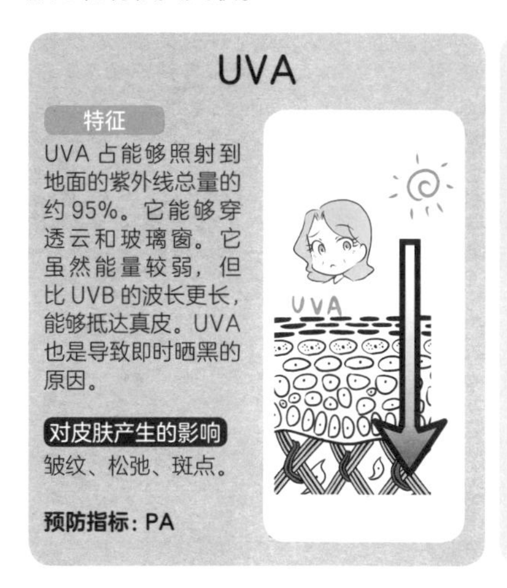

UVA

特征

UVA 占能够照射到地面的紫外线总量的约 95%。它能够穿透云和玻璃窗。它虽然能量较弱，但比 UVB 的波长更长，能够抵达真皮。UVA 也是导致即时晒黑的原因。

对皮肤产生的影响

皱纹、松弛、斑点。

预防指标：PA

UVB

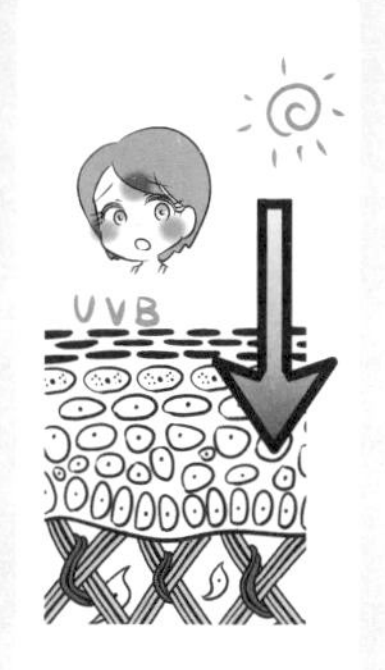

特征

虽然能够照射到地面的光线量较少，但 UVB 要比 UVA 能量更强，容易损害表皮，引发炎症（晒伤）。因波长较短，所以只能抵达表皮。

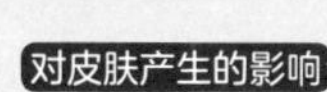

对皮肤产生的影响

日晒、斑点。

预防指标：SPF

太阳光的种类

蓝光

紫外线			可见光	近红外线	红外线
UVC	UVB	UVA			

100　280　320　400　780　（单位：纳米）

HP

引自：日本化妆品工业联合会主页，有部分修改。

最近有一些防晒产品也可以阻挡可视光线（肉眼可见的光线）中的部分蓝光，以及红外线中的一种——近红外线。

白野实专栏

防晒产品的选择方法、使用方法

选择防晒产品的标准，是参考“SPF”和“PA”两个数值。这两个数字越大，+ 号数越多，就意味着该产品的紫外线防御能力越高。但是，并不能说防御力越高的就越好。从配方设计的角度来说，防晒剂的配比量越高，使用感就会相应变得越差，而且内容物中还会相应减少护肤成分。

我建议大家在选择防晒产品要注意 3 点。第一点：日常可使用 SPF30 左右的防晒产品，休闲娱乐中会受紫外线照射的情况下，选择 50+。或许有人会疑惑，怎么不提 PA 值？事实上，一般 SPF 值越高，PA 值也相应地会更高，所以先将重点放在 SPF 上即可。第二点：不要认为是“SPF××，所以能够在 ×× 小时内持续发挥效果”。这种宣传方式其实很常见，但是 SPF 和 PA 在产品评测时参照的数据并不相同。一般产品评测时的涂抹量会很大，而且多次测试时，会改变测试所用波长。这种评测方法并没有考虑“时间”这个要素。而且，在我们实际使用产品时，汗液、皮脂、擦拭等情况都可能导致防晒剂脱落。因此，即便是高 SPF 产品，仍旧应该每隔 2~3 小时仔细涂抹一遍。第三点：对于完全不想被紫外线照到的人，建议使用同时添加吸收剂和屏蔽剂的产品。两者合并使用，防护效果会成倍增长，紫外线防御能力也会提高。不仅如此，因为合并使用后，总的使用量会下降，所以反而会抵消掉这两者原本的缺陷。

SPF 是 Sun Protection Factor（防晒指数）的简称。它能够有效防止 UVB 可能带来的晒伤问题。SPF 的数字越大，防护效果越好。一般标识为 2~50+。“+”意味着 50 以上。

PA 是 Protection Grade of UVA（长波紫外线防护指数）的简称。它能够有效防止 UVA 可能带来的短时间晒黑问题。一般标识为 PA+~PA++++ 这 4 个程度。“+”越多表示防晒效果越好。

增稠剂、共聚物

使用目的

增添黏稠感，令产品呈现凝胶状。常用于化妆品中，能够赋予化妆品较独特的使用感。添加在乳霜中能够起到乳化稳定的作用。

增稠剂包含共聚物这种高分子成分（分子结构较大的成分），以及黏土矿物等种类，它与油性成分极大程度地左右着化妆品使用感。增稠剂可分为以下 6 个种类。

① 增添黏稠性（黏稠感）的成分

使用以下成分无法令产品质地呈现凝胶状，但它们可以为化妆品增添黏稠性，使化妆品使用起来更舒适，且可达到一定的乳化稳定效果。

成分名	说明
黄原胶	这是一种通过微生物野油菜黄单胞杆菌以碳水化合物为原料发酵获得的多糖类物质。只需少量就能使产品拥有适宜的黏稠性。在食品领域，该成分也作为“增稠多糖类”被广泛用于为食品增稠
羟乙基纤维素	以源自植物的一种纤维素为主的增稠剂，特征是透明性高
银耳多糖	从菌类的一种——银耳中提取的多糖类。具备乳化稳定性，并且和透明质酸有着相同甚至更出色的保湿感，特征是使用感十分柔和。自然系护肤品中较多使用这一成分
糊精棕榈酸酯	该成分能够将油类转为凝胶质，或为其增添黏性。被广泛用于唇釉中

※ 此外，名称里出现 ×× 纤维素、×× 胶、×× 多糖的物质，大多数都是提取自天然物质的黏性成分。这类物质具有保湿作用（保湿、增稠），常被用于护肤品中。

② 使产品呈现凝胶状的成分

以下成分能够为产品赋予极高黏度，使产品呈现凝胶质地。乳化稳定性极为优越，使用感也十分丰富。此类成分中大部分都属于合成共聚物。

成分名	说明
卡波姆	使用最为广泛的一种增稠剂。合成共聚物。增稠效果好，而且可制成凝胶状。使用时无黏腻感，十分清爽
丙烯酸（酯）类 /C10-30 烷醇丙烯酸酯交联聚合物	和卡波姆有相同特征。和乳化稳定效果更高的成分，如离子性成分之间并不互相排斥。常被用于多效合一的凝胶产品中
丙烯酸羟乙酯 / 丙烯酰二甲基牛磺酸钠共聚物	最近使用该物质的制造商在增加。合成共聚物。常和其他油类及乳化剂搭配使用。使用它能够制造出使用感受很好的乳化产品
PEG-240/HDI 共聚物双-癸基十四醇聚醚-20 醚	即便用力挤压，也会逐渐回归原有的形状，所以该物质也被称为“形状记忆型共聚物”。在为皮肤增添弹性方面的表现非常优秀
聚二甲基硅氧烷 / 乙烯基聚二甲基硅氧烷交联聚合物	该成分被称为硅凝胶或硅弹胶。是一种能将硅油或油性成分凝胶化的共聚物。它拥有硅类特有的清爽使用感。常被用在 W/O 乳霜中

③ 能够附着在皮肤和头发上的成分

在表格 1 和 2 的成分中加入“阳离子”，能够产生吸附在皮肤和头发上的效果。

成分名	说明
聚季铵盐-7	常用于洗发水和沐浴液中的聚合物。能够吸附在皮肤和头发上，提升皮肤质感及发丝柔顺程度。同时，该成分起泡后，泡沫不易消失
聚季铵盐-10	广泛使用于洗发水中，纤维素构造的植物性聚合物。能够吸附在头发上，使发质更顺滑
瓜尔胶羟丙基三甲基氯化铵	将瓜尔种子中获取到的一种多糖类物质进行离子化后得到的成分。比聚季铵盐-10 的调节效果更好

④ 能制造覆膜的成分

能够制造质地较硬的覆膜是此类共聚物的特征。

成分名	说明
聚乙烯醇	用于撕拉式面膜（干燥后取下的面膜）中，是一种能够切实成膜的合成聚合物
出芽短梗孢糖	来源于植物的多糖类。虽然成膜能力不及聚乙烯醇，但也能制造出较高质量的覆膜

⑤ 能增添白浊感的成分

不用于增加黏稠性，而是在不使用油性成分的同时为产品添加白浊感的共聚物。

成分名	说明
苯乙烯 / 丙烯酸（酯）类共聚物	和成膜的目的不同，将此类成分微量加入到化妆水中，便能够轻松令产品拥有稳定的白浊感。最近较多的白浊系化妆水会使用此类成分
苯乙烯 /VP 共聚物	

⑥ 属于黏土矿物的成分

此类成分和共聚物的构造不同，它们能够在水中（或油中）形成纸牌屋状构造，从而起到增稠效果。

成分名	说明
膨润土	膨润土属于黏土矿物——蒙脱石的主要成分。吸收水分后，膨润土能够膨胀到原本体积的数倍。它不单可用于黏土面膜，还广泛应用于医药品、食品、土木建筑、宠物用品中
二硬脂二甲铵锂蒙脱石	在黏土矿物——水辉石中加入油类结构后形成的衍生物。能够将油转化为凝胶。常用于 W/O 乳霜产品中
硅酸（铝 / 镁）	即合成黏土。和膨润土性质相似，特点是透明性高，品质稳定

抗氧化剂

使用目的

防止化妆品氧化变质。

成分名（通称）	说明
生育酚（维生素E）	多含于天然植物中，是最为常见的一种化妆品抗氧化剂
BHT（丁羟甲苯）	一种合成的抗氧化剂。最近使用该成分的产品在减少
亚硫酸钠	一种水性成分的抗氧化剂、还原剂。红酒中也会添加这种物质

螯合剂

使用目的

螯合剂是金属离子络合剂。它能够准确捕捉到原料中微量金属里的微量矿物质，防止其对化妆品产生不良影响。可起到保持化妆品品质的作用。

成分名（通称）	说明
乙二胺四乙酸/乙二胺四乙酸四钠	该成分能够提高清洁剂的清洁效果。被广泛用作化妆品中的螯合剂
羟乙二磷酸	此类螯合剂尤其常用于皂类中，具有防止变色的效果

酸度调节剂

使用目的

令化妆品的 pH 保持稳定。配合产品的制作概念、特征、成分的稳定性，调整酸碱性。

成分名	说明
柠檬酸、柠檬酸钠	调整化妆品 pH 时最常用到的成分。使用柠檬酸及柠檬酸钠，能够在弱酸性至弱碱性之间调节产品的 pH
氢氧化钠、氢氧化钾	此类成分常被用于制作皂基时的碱剂，或卡波姆的中和剂
精氨酸	氨基酸的一种，溶于水后呈碱性，所以又被称作“碱性氨基酸”。被用作卡波姆的中和剂

pH 是什么？

pH 是指我们在调查一种物质处于酸性到碱性之间哪一档时需要参考的氢离子浓度指数。酸性、碱性具有程度上的强弱，区分时，会用 pH 加上 0 ~ 14 数字表示。7 为中性，数值小于 7 则为酸性，大于 7 则为碱性。人体皮肤的 pH 值为 4.5 ~ 6.5，即弱酸性。皂基大多为碱性，所以使用皂基洁面后，皮肤会暂时呈现碱性，但是皮肤自身会启动自我调节机制，所以随着时间推移，皮肤会逐渐恢复到弱酸性。

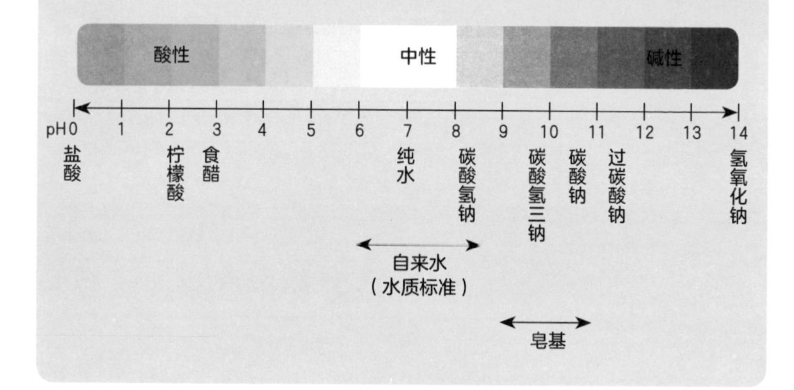

防腐剂和杀菌剂的区别是什么？

A 杀菌剂正如其名，是快速杀死细菌（微生物）的一种成分。它比防腐剂效果更好，但对皮肤造成的负担也更大。而防腐剂“虽不能杀除外部混入的细菌，但是可以抑制细菌的发育及增殖”，“防腐剂不仅对特定细菌，针对多种细菌都十分有效”，并且“防腐效果持久”。也就是说，防腐剂虽然没有杀菌剂那样强效，但它始终能够保护化妆品不受各类细菌的侵害，直到产品用完为止。可以说是非常可靠了。

护肤乳霜中为何要添加二氧化钛？

A 二氧化钛是紫外线屏蔽剂（第 193 页）的一种。同时，它还可以作为一种白色颜料（着色剂）添加到护肤品中。当它被用作颜料时，它的粉末颗粒会比用作紫外线屏蔽剂时更大，防紫外线效果较弱，不过白色会更加明显，能够帮助提亮肤色，所以被添加在化妆品中，用于调整皮肤颜色。一些美白化妆品中也会添加二氧化钛，但是使用后皮肤看上去变白了只是因为二氧化钛的颜料效果，它并不能使皮肤从根本上变白。这一点需要大家注意。因为二氧化钛用于产品时会进行涂覆处理，所以安全性还是很高的。

合成聚合物真的对皮肤不好吗？

A 当下很多化妆品都添加了合成共聚物。不过很多说法都提到“这种物质会在皮肤表面形成一层膜状物，从而阻碍皮肤的正常代谢”。但是这种说法显然有些过于偏激了。实际上，从客观数据来看，合成聚合物并不能如此彻底地将皮肤密封起来，而且也基本不存在这种类型的化妆品。合成聚合物本身的安全性是很高的。例如卡波姆（第 197 页），它其实和透明质酸差不多，都是含水分的凝胶化成分，二者结构也十分近似。因此，仅凭“合成”二字就施以恶评，这是不合理的。

保护化妆品的规则

2001 年修改法律，标志着日本化妆品业界的一大转折。在 2001 年前，日本生产的化妆品只能使用事先获得国家允许的成分，每当研发出新产品，都需要将配方成分提交国家，进行申请。而自 2001 年 4 月以来，日本施行了“全成分标识义务”的新要求，相对地，制造商（制造销售业者）只要能够确保产品的品质及安全性，即可自由加入各种成分。此外，也不再需要提交完整的产品配方，而是只需提交销售名称即可。化妆品制造商瞬间踏入“自由”的世界。

但是，不同的制造商对于安全性的标准各有不同，如果不重视产品的安全性，就势必会影响到使用者的健康。考虑到这一点，日本对需要承担化妆品品质及安全性等全部责任的“制造销售业者”施行“许可制”。除此之外，日本还划出了化妆品制造销售必须遵循的底线——化妆品标准，这其中就包含了允许添加列表和禁止添加列表。

化妆品中可以添加的成分及不可以添加的成分

需留意的成分

防腐剂、紫外线吸收剂、焦油类着色剂以外的成分	防腐剂、紫外线吸收剂、焦油类着色剂
● 医药品成分（存在例外情况） ● 有可能出现感染的源自生物的成分 ● 对活体及环境有很强毒性的成分 ● 禁止添加列表中列出的成分（包含限制配比量的成分）	列于允许添加列表中的成分

可添加成分　不可添加成分

什么是禁止添加、允许添加

禁止添加列表
（禁止配比成分列表）

指禁止添加于化妆品之中的成分列表。根据使用目的和使用方法，也有部分成分是使用受限。

允许添加列表
（限制配比成分列表）

因为需要限制那些从安全角度考虑需要注意的成分的用量，因此仅将可以使用的成分列入允许添加列表中。

简单来讲，列在允许添加列表中是一些需要注意的类别（防腐剂、紫外线吸收剂、焦油类着色剂），只能添加该列表中列举的成分。而禁止添加列表中包含的则是“不可以添加于化妆品中的成分”以及“添加量有规定上限的成分”。

大家比较容易错误地以为“禁止添加列表”中包含的成分都是危险成分。和其他成分比起来，防腐剂、紫外线吸收剂、焦油类着色剂都是容易使皮肤产生问题的成分。因此，相关审查也比较严格。而出现在允许添加列表中的，是经过严格筛选后允许使用的成分，也就是所谓的被国家认为可以放心使用的成分。反之，如果某种成分并未出现在这份名单上，却能起到同样的效果，那就很值得怀疑了。

此外，之所以规定配比上限，其实并不仅仅是从安全角度出发。化妆品必须保证能够长期放心使用，所以需要为化妆品中的成分设定一个使用量的上限。当化妆品中出现医药品成分，或和医药品效果类似的成分时，需规定使用量的上限，避免其效果过度强劲。

我还以为尼泊金酯类防腐剂很坏呢，原来它是个好东西呀！
如果产品中没有加入防腐剂或储存剂，那么使用过程中细菌会不断繁殖……
然后，我们会把这些长满细菌的东西，抹到脸上……
可怕
其他一些成分，也都是帮助我们安全、放心地使用化妆品的必要成分。
香精、着色剂虽然不会直接令皮肤产生变化，但却能够提高观感和使用感，所以才会添加到产品中。
使用时能够闻到自己喜欢的香味，
这已经算是起到放松效果了呀。
是这样
我们目前所见的化妆品由
“基础成分”“美容成分”
“其他成分”组成。
①基础成分
②美容成分
③其他成分
了解不同成分的作用，能够扩大我们挑选化妆品的范围。

人类的身体是拥有自愈能力的，了解了化妆品对皮肤的大致作用，
能够帮助我们去挑选协助肌肤变得更好的产品！
我们知道啦！
好的!!

突然觉得挑选化妆品变得更有趣了！
以后或许再也不用受皮肤问题的困扰了！

第七章

化妆品的分类

~ 化妆品、药用化妆品的功能和作用 ~

在日本，化妆品主要分为（一般）化妆品和医药部外品（药用化妆品）两种。化妆品和药用化妆品的一大区别在于是否添加“有效成分”。根据日本《药机法》的规定，化妆品大致可以分为 3 类。本章将详细说明这 3 类化妆品及化妆品与药用化妆品的功能和作用。

化妆品的分类

根据日本《药机法》的规定，化妆品可被分为“化妆品”“医药部外品（药用化妆品）”“医药品”3类。它们在效能、效果范围上有着明确的区分。让我们了解它们之间的不同，按照自己的需要来挑选合适的产品吧！

什么是化妆品？

出于“卫生”目的，维持、保护人体清洁；出于“美容”目的，令我们看上去更美：就要用到化妆品。化妆品对人体作用比较温和。

什么是医药部外品？

主要以“预防、改善”为使用目的。按日本厚生劳动省的规定，相比于医药品，医药部外品中添加的有效成分能够发挥更为温和的药理作用，且更具安全性。医药部外品中能够起到化妆品效果的一部分产品被称为“药用化妆品”。

什么是医药品？

主要以“治病”“预防疾病”为使用目的的药物。医药品添加的成分，为日本厚生劳动省承认其功能和作用的有效成分。医药品主要分为医生开具的处方药“医疗用医药品”和市面上销售的“一般用医药品（OTC 医药品）”两种。

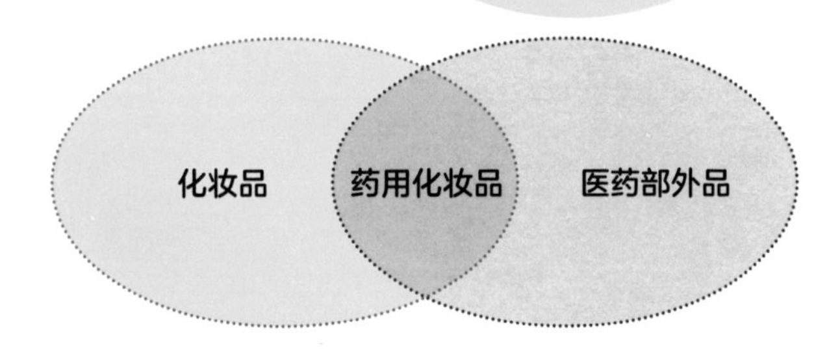

化妆品的效果及安全性

	化妆品	医药部外品（药用化妆品）	医药品
有效成分	无（无被认可的有效成分）	有（有作为医药部外品被认可的成分）	有（有作为医药品被认可的成分）
全成分标识义务	有	无（大部分成分遵照自主标准标识）	有（需将有效成分的名称、用量以及其他添加物全部标识出来）
效果概要	补充、保护	预防	治疗
安全性	必须保证日常能够安全使用	必须保证日常能够安全使用	以治愈疾病为目的，具有一定的副作用
效果表现示例	●较高的保湿功能，能够维持皮肤湿润 ●渗透角质层，调理皮肤 ●清洁皮肤，预防皮肤粗糙 ●通过美妆产品令皮肤变得白皙 ……	●具有杀菌效果，能够预防痤疮发生 ●具有抗炎效果，能预防皮肤粗糙 ●防晒产品能够防止斑点、雀斑的产生（美白作用） ●改善皱纹 ……	●促进血液循环，尽早恢复伤口 ●帮助皮肤组织修复 ●抑制皮肤炎症 ●治疗痤疮 ……
乳霜的表现示例	化妆品 令皮肤更有弹性	医药部外品 抑制黑色素生成，预防斑点	医药品 治疗干燥粗糙皮肤
	功能和效果有限	如果有预防效果，则可以强调此效果	强调治疗效果

安全性排名 化妆品 ≈ 医药部外品 ＞ 医药品

化妆品及药用化妆品的功能和作用范围

化妆品的功能和作用范围

❶ 清洁头皮、头发
❷ 香气能够抑制头发、头皮产生的异味
❸ 维护头皮、头发健康
❹ 为头发增添光泽感
❺ 为头皮、头发增加湿润感
❻ 维持头皮与头发的湿润
❼ 令头发柔软
❽ 令头发光滑易梳
❾ 保持头发光泽
❿ 为头发增添光泽感
⓫ 去除皮屑及瘙痒
⓬ 抑制皮屑及瘙痒
⓭ 补充保护头发中的水分和油分
⓮ 预防头发断裂、分叉
⓯ 整理、保持发型
⓰ 防止头发带静电
⓱（通过去除污垢）令皮肤洁净
⓲（通过清洗）预防痤疮、湿疹（洗面产品）
⓳ 调整皮肤状态
⓴ 抚平皮肤肌理
㉑ 保护皮肤健康
㉒ 防止皮肤粗糙
㉓ 收敛皮肤
㉔ 为皮肤增添水润感
㉕ 为皮肤补充水分、油分
㉖ 保护皮肤柔软性
㉗ 保护皮肤
㉘ 防止皮肤干燥
㉙ 令皮肤柔软
㉚ 令皮肤更有弹性
㉛ 令皮肤更有光泽
㉜ 令皮肤更细腻
㉝ 使剃须变得更简单
㉞ 剃须后整顿皮肤
㉟ 防止湿疹（栝蒌根粉）
㊱ 防止日晒
㊲ 防止日晒造成的斑点和雀斑
㊳ 添加香气
㊴ 保护指甲
㊵ 维护指甲健康
㊶ 为指甲保湿
㊷ 防止口唇干燥
㊸ 抚平口唇纹理
㊹ 为口唇增添滋润感
㊺ 保护口唇健康
㊻ 保护口唇，防止口唇干燥
㊼ 防止口唇干燥开裂
㊽ 令口唇光滑
㊾ 防止蛀牙（使用时需要牙刷辅助的洁齿类型）
㊿ 美白牙齿（使用时需要牙刷辅助的洁齿类型）
51 除去齿垢（使用时需要牙刷辅助的洁齿类型）
52 净化口内（刷牙洁齿类）
53 预防口臭（刷牙洁齿类）
54 去除牙石（使用时需要牙刷辅助的洁齿类型）
55 预防牙石沉积（使用时需要牙刷辅助的洁齿类型）
56 降低干燥细纹的明显程度

注：1. 例如：标明“补充保护”字样的功效，则意味着该产品既可以具备“补充”功效，也可以具备“保护”功效。
2. 括号内虽然不包含效能，但意味着该产品从使用形态角度考虑有一定限制要求。
3. 第 56 条依据“H23.7.21 药食审查发 0721 第 1 号 / 药食监麻发 0721 第 1 号”确认。

引自：《化妆品、医药部外品 制造销售指南》2017（药事日报社）。

- 以补充、保护、调整为基本。
- 保湿效果产生的防护以及赋予的作用可以被认可。
- 物理性作用（清洗、香气、刷洗等）产生的预防、抑制功能就能够获得认可。
- 针对头发、指甲等已死亡细胞的防止、抑制功能，基本只会宣扬其“辅助”效果，“防止”等预防效果仅在一定限制范围内被认可。

药用化妆品的功能和作用范围

❶ 洗发水
防止皮屑、瘙痒
防止头发、头皮汗臭
保持头发、头皮干净
保持头发、头皮健康
令头发、头皮更柔软

❷ 护发素
防止皮屑、瘙痒
防止头发、头皮汗臭
补充、保护头发水分、油分
防止头发断裂、分叉
保持头发、头皮健康
令头发、头皮更柔软

❸ 化妆水
防止皮肤干燥、易干燥
防止湿疹、冻疮、皴裂、痤疮产生
调理油性皮肤
防止须疮
防止日晒产生的斑点、雀斑
防止日晒、被雪晒伤后产生的皮肤发热
收敛皮肤、洁净皮肤、调整皮肤
保持皮肤健康、赋予皮肤水润感

❹ 乳霜、乳液、护手霜、化妆用油
防止皮肤干燥、易干燥
防止湿疹、冻疮、皴裂、痤疮产生
调理油性皮肤
防止须疮
防止日晒产生的斑点、雀斑
防止日晒、被雪晒伤后产生的皮肤发热
收敛皮肤、洁净皮肤、调节皮肤状态
保持皮肤健康、赋予皮肤水润感
保护皮肤、防止皮肤干燥

❺ 剃须用剂
防止须疮，保护皮肤，帮助顺利剃须

❻ 防晒剂
防止日晒、被雪晒伤后的皮肤粗糙
防止日晒及被雪晒伤
防止日晒产生的斑点、雀斑
保护皮肤

❼ 面膜
防止皮肤干燥、易干燥
预防痤疮
调理油性皮肤
防止日晒产生的斑点、雀斑
防止日晒、被雪晒伤后产生的皮肤发热
令皮肤顺滑
令皮肤洁净

❽ 药用皂（包含洁面产品）
<杀菌剂为主（包括与抗炎类成分组合的成分在内）>
皮肤的洁净、杀菌、消毒
预防体臭、汗臭、痤疮

<抗炎类成分为主>
预防皮肤痤疮、须疮及皮肤粗糙等问题

注：1“抑制黑色素生成，预防斑点、雀斑”效果同样获得承认。
2. 无视上述功效，仅标榜化妆品效能范围，无法获得医药部外品的认证。

引自：《化妆品、医药部外品 制造销售指南》2017（药事日报社）。

- 加上前一页化妆品功能效果在内，根据具体成分所持的药理性作用（药性作用），添加了“防止”“预防”功能。
- 即使是医药部外品，也不应宣传其具有药用化妆品以外的化妆品的功效。

西一总专栏

决不能使用医药品护肤

最近，出于美容目的使用医药品护肤的人越来越多。但是医药品并非可以每日使用的化妆品，而是以治病为目的的药物。只有正确使用医药品才是安全的，随意按照电视节目和网络热门的使用方法尝试使用医药品，是非常危险的行为。

这里将介绍一些错误的使用方法，以及一些产生副作用的案例。请务必控制对医药品的滥用。

事例 1　卢美根（lumigan®）

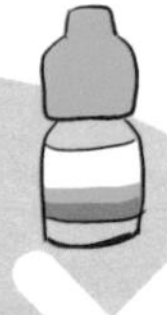

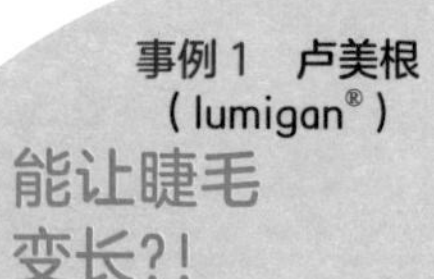

卢美根®是一种治疗青光眼的眼药。因为网络上盛传使用后“睫毛会变长”，甚至有人从无处方即可购入的个人卖家手里购买这种药物。此药物的主成分“比马前列素”的副作用之一是扰乱睫毛的发育周期，所以会导致原本长到适度长度的睫毛进一步生长。实际上，该成分也被用于治疗睫毛稀少症。但是使用该药物会产生类似熊猫眼的眼周“色素沉淀”、眼压下降造成的“眼球下陷”，甚至重度“充血”等副作用。最恶劣的情况下，甚至有可能导致失明。

以美容为目的使用的医药品列表

医药品概要	用途	主要有效成分	期待效果	副作用
青光眼、高眼压症治疗剂	睫毛美容液	前列腺素类似体（比马前列素）	睫毛增长、生发	充血、皮肤变薄、色素沉淀、眼压降低
皮肤疾病、外伤治疗药	毛孔面膜	氯己定葡萄糖酸盐	排出黑头、皮肤软化	皮肤炎症、刺激、瘙痒、粉刺恶化
痔疮用外用药	眼周美容液	醋酸泼尼松龙	消除皱纹、抗炎	皮肤过敏症、瘙痒、皮肤变薄、血管扩张、眼压上升
促进血液循环、皮肤保湿剂	皮肤保湿剂	类肝素	保湿效果、消除皱纹	灼热感、皮肤刺激、瘙痒、炎症（风险较低）
斑点、雀斑、黄褐斑治疗药	美白剂	氢醌	美白效果、消除斑点	皮肤泛白（白斑）、刺激、炎症、瘙痒

事例 2　娥罗纳英（Oronine®）

去除毛孔中的黑头？

娥罗纳英®是一种使用广泛的家用创伤药。主成分氯已定葡萄糖酸盐是一种抗菌药（消毒剂），但是越来越多的人开始违背其原本的使用方法，将药物用在其他方面。例如“涂在眼皮上能够变成双眼皮！”“涂在眼下能够长出卧蚕！”“在敷去黑头的面膜之前使用，能够去除大量的黑头”，等等。当然，这种药物只是一种消毒剂，并不能满足这些需要。反之，出于该药物产生的不必要的抗菌作用，极有可能扰乱皮肤常驻菌的环境，甚至造成慢性皮肤粗糙。

事例 3　硼烷醇（Boraginol®）

消除眼角处的皱纹？

因为日本某知名艺人在电视上宣称“将硼烷醇涂在眼角能够消除皱纹”，这种使用方法广泛扩散开来。硼烷醇®是一种痔疮专用药，其主成分为醋酸泼尼松龙，也就是类固醇的一种。该成分能够抑制瘙痒及炎症，帮助皮肤再生。但同时，它的副作用也会导致皮肤的免疫和再生功能下降。类固醇的效果或许能让皮肤状态暂时变好，但它同时还有导致眼压上升的副作用，过去曾有长期使用该成分后最终导致失明的案例。所以将它涂抹在眼周是非常危险的行为。

事例 4　喜辽妥（类肝素®）

具有超越高级面霜的保湿效果？

喜辽妥®是一种皮肤保湿剂，属于皮肤科处方药。因为某位医生声称：“数百日元就能买到的医疗保险适用药，却能比3万日元的化妆品更有效！”导致脱离正确使用方法的做法横行，两年之内竟产生10亿日元的医疗费，成为极为严重的社会问题。喜辽妥中“类肝素”能够起到促进血液循环的效果，但是它并不具备特殊的美容效果，涂抹在有炎症的皮肤上会加剧瘙痒，对皮肤造成刺激。这种药物本就不适合长期使用，如果将喜辽妥当作化妆品来使用，那么其安全性是很难保证的。

还有更多！备受瞩目的美容成分一览

① 肽类

所谓“肽类”，就是将通过合成和生物技术制造出来的氨基酸数个、数十个、数百个地连接起来形成的物质。这类物质的开发，大多是从促进细胞间交流的蛋白质身上获得了启发。根据效果不同，开发出了非常多的成分。一般标识名称为“××肽-○○”。××表示的是肽类的种类或氨基酸的数量，○○为数字，表示顺序。自2018年3月至今，已有超过350种成分名登录在案。下面是一些常用的肽类成分。

人寡肽-1①（旧称：表皮生长因子-1）

即表皮生长因子（EGF）。表皮生长因子会随年龄增加逐渐减少。它常作用于已经开始出现衰老现象的皮肤的真皮。

寡肽-24

一种合成肽类，和表皮生长因子有着相同作用。特征是拥有高于表皮生长因子的稳定性。

乙酰基十肽-3

拥有类似成纤维细胞增殖因子（FGF）的作用，是一种合成肽类。常作用于已经开始出现衰老现象的皮肤的真皮。

棕榈酰三肽-5

一种合成肽类，能够促进表皮胶原蛋白的合成，从而改善皱纹。

乙酰基六肽-8

该成分的原料名为“六胜肽”，其类肉毒素功效广为人知。该成分对改善表情肌导致的皱纹有效。

生物素酰三肽-1

一种合成肽类，对睫毛的生长有效。

棕榈酰三肽-1

一种合成肽类，能够令嘴唇更丰润。

① 在我国，人寡肽-1（EGF）不得作为化妆品原料使用。——编者注

② 侧重于干细胞的成分

在培养人类及植物干细胞时，各种有效成分会释出细胞之外。以下所列提取物中就含有丰富的干细胞成分。随着干细胞热潮，相关成分的开发类别也很多，此类成分的标识特征为成分名中有"细胞"和"培养"等词。

人体脂细胞调节培养液提取物

此类提取物含有丰富的人类脂肪干细胞分泌出来的成分，具备各种各样的美肌效果。

苹果果实细胞培养物提取物

据说苹果可以长达 4 个月不腐烂。该提取物便取自苹果的干细胞。它可作用于表皮。

③ 侧重于皮肤常驻菌的成分

近期研究结果表明，不单是肠道，存在于皮肤表面的皮肤常驻菌也十分重要。虽然相关谜团仍旧很多，但今后应该会不断开发相关成分。

α-葡聚糖寡糖

来源于植物的一种葡萄糖。它能够挑选对皮肤有益的菌类，并使其活性化。

粪肠球菌

将乳酸菌的一种——粪肠球菌加热处理后得出的成分。据说具有能够调整皮肤常驻菌群的作用。

从可持续型原料和对环境的考虑出发，目前对植物提取物的开发要远超合成成分。而且，有越来越多具备各类功能的植物提取物仍在开发之中!

表面活性剂列表

分类	种类	成分名称	说明
阴离子表面活性剂	皂基类	月桂酸钠	呈现弱碱性的表面活性剂，将一些从椰子油中获得的月桂酸等“高级脂肪酸”和碱性试剂直接化合（中和），这是比较主流的做法。但是，过去的做法是以棕榈油等“植物油脂”类和氢氧化钠、氢氧化钾等“碱性试剂”为主原料进行制造（碱化法）的 含钠皂基主要呈固体，含钾皂基（钾皂）则具备较高的水溶性，常用作糊状或液体皂。“皂基坯”为含钠皂，“钾皂基”为含钾皂。“含钾皂基”则指含钾同时也含钠的一种混合皂基 在矿物较多的硬水中，或呈中性或酸性的水中时，此类表面活性剂会丧失清洁力。这是它的一大弱点。和金属离子相结合能够产生不溶性白色沉淀（金属皂基），使用此类成分清洗后容易产生紧绷感
		肉豆蔻酸钠	
		棕榈酸钠	
		硬脂酸钠	
		油酸钠	
		月桂酸钾	
		肉豆蔻酸钾	
		棕榈酸钾	
		硬脂酸钾	
		油酸钾	
		皂基	
		钾皂基	
		含钾皂基	
		肉豆蔻酸、棕榈酸、硬脂酸、氢氧化钠	在皂基的成分标识法中，允许将属于原材料的“高级脂肪酸”和“碱性试剂”分开书写。此外，也可将原材料“油脂”和“碱性试剂”分开书写
		月桂酸、肉豆蔻酸、硬脂酸、氢氧化钾	
		椰油、氢氧化钠	
		棕榈油、氢氧化钾	
	烷基硫酸系	月桂醇硫酸酯钠	这一类别属于历史上最早用于清洁剂的合成表面活性剂，其特征就在于清洁力非常强。很难受到 pH 的影响，在硬水中一样可以正常使用。所以在很长一段时间里都很受重用。不过，因为这类成分的刺激性较高，所以目前日本已经很少使用了
		月桂醇硫酸酯 TEA 盐	
		月桂醇硫酸酯铵	
		椰油醇硫酸酯钠	
	月桂醇聚醚硫酸酯系	月桂醇聚醚硫酸酯钠	此类活性剂均由月桂醇硫酸酯盐改良而成，属于合成表面活性剂，因性价比较高，被广泛应用于化妆用品及化妆品清洁剂中。在月桂醇硫酸酯盐的构造中加入具有非离子性质的聚氧化乙烯基物质，能够降低刺激性，提高安全性
		月桂醇聚醚硫酸酯 TEA 盐	
		月桂醇聚醚硫酸酯铵	
		C12-13 烷醇聚醚硫酸钠	
	磺酸系	十二烷基苯磺酸钠	十二烷基苯磺酸钠主要添加在服装类清洁类产品中，基本不会用在化妆品中
		C12-14 烯烃磺酸钠	十二烷基苯磺酸钠经过改良后产生的清洁成分。容易被α-烯烃的双重结合构造所分解。也常用在不添加硫酸盐系清洁类产品的洗发水中
		C14-16 烯烃磺酸钠	

续表

分类	种类	成分名称	说明
阴离子表面活性剂	磺基琥珀酸系	月桂醇磺基琥珀酸酯二钠 月桂醇聚醚磺基琥珀酸酯二钠 C12-14 链烷醇聚醚-2 磺基琥珀酸酯二钠	此类成分在同一分子内拥有醋酸和磺酸两种构造。该物质的性质处于磺酸系和醚羧酸系之间。有较强的起泡性，刺激性较低
	醚羧酸系	月桂醇聚醚-4 羧酸钠 月桂醇聚醚-5 羧酸钠 十三烷醇聚醚-6 羧酸钠 十三烷醇聚醚-3 羟酸钠	该成分的构造和皂基相似。加入具有非离子性质的聚氧化乙烯基物质，这样不仅能提高安全性，同时也能保持弱酸性且起泡的特性，所以也被称为“酸性皂”（主要使用于沙龙专卖的洗发水产品中）
	羟乙基磺酸系	椰油酰羟乙磺酸酯钠 月桂酰羟乙磺酸钠 月桂酰羟甲基乙磺酸钠	日本的使用频率较低。该成分单体呈白色粉末状，常被用在弱酸性的固体清洁类产品中。有时也被添加在洗发水中
	牛磺酸系	甲基椰油酰基牛磺酸钠 椰油酰甲基牛磺酸钠 甲基月桂酰基牛磺酸钠	该成分属于氨基酸的一种，是以牛磺酸为原材料的洗净成分。和月桂醇聚醚硫酸酯系类似，不易受 pH 影响，对皮肤也不会构成较大负担（常用于高级洗发水中）
	氨基酸系	椰油酰肌氨酸钠 椰油酰基肌氨酸 TEA 盐 月桂酰肌氨酸钠 月桂酰肌氨酸 TEA 盐 椰油酰基甲基 β-丙氨酸钠 月桂酰基甲基氨基丙酸钠 月桂酰基甲氨基丙酸 TEA 盐 椰油酰甘氨酸钾 椰油酰甘氨酸钠	以中性氨基酸（甘氨酸、丙氨酸）为主原料的一种氨基酸系表面活性剂。特征是在中性范围能够起泡。属于低刺激性洗发水和沐浴液的主要成分。氨基酸中的肌氨酸一系，属于最早被制造出来的成分。因为归属于旧版《指定标识成分》表中的成分，所以日本的使用实例并不多
		月桂酰天冬氨酸钠 椰油酰谷氨酸钾 椰油酰谷氨酸钠 椰油酰基谷氨酸 TEA 盐 椰油酰谷氨酸二钠 月桂酰谷氨酸钠 月桂酰谷氨酸 TEA 盐	以属于酸性氨基酸的天冬氨酸、谷氨酸等为初始原料而制造出来的一种氨基酸系表面活性剂。属于弱酸性，但是发泡性优良，不过和其他的清洁成分相比，发泡性略差一些（该成分拥有缓和其他阴离子表面活性剂的清洁性和刺激性的特征，所以常和其他成分混合使用）
	水解蛋白质系	椰油酰水解酪蛋白钾 椰油酰水解角蛋白钾 椰油酰水解小麦蛋白钠 椰油酰水解胶原钾 椰油酰水解大豆蛋白钾 月桂酰水解大豆蛋白钾 月桂酰水解胶原钾 月桂酰水解胶原钠 月桂酰水解蚕丝钠	以水解蛋白质后获得的肽（连接氨基酸所得物质）为主原料得出的一种表面活性剂。也被称为 PPT 洗发水，使用感十分柔和，所以常作为高级洗发水的主成分加以使用。此类物质的名称中常加入“蚕丝”“胶原”等保湿成分，或者存在于皮肤、头发之中的成分名，也给了使用者比较不错的印象

续表

分类	种类	成分名称	说明
阳离子表面活性剂	季铵盐	苯扎氯铵	拥有极强的破坏菌类细胞膜的能力，是比较常用作杀菌剂和防腐剂的阳离子表面活性剂
		西吡氯铵	
		硬脂基三甲基氯化铵	这些属于一些护发产品的主要使用成分。柔软头发的效果出众，且能有效防止静电产生。不过由于刺激性较强，所以基本用于需要清洗的护理产品之中，几乎不会用在护肤产品中
		硬脂基三甲基溴化铵	
		西曲氯铵	
		西曲溴铵	
		山嵛基三甲基氯化铵	
		月桂基三甲基氯化铵	
		月桂基三甲基溴化铵	
		硬脂基三甲基铵甲基硫酸盐	属于经过低刺激化处理的季铵盐。一般会使用于价格较高的沙龙护发素，或主打低刺激性的产品中
		西曲铵甲基硫酸盐	
		山嵛基三甲基铵甲基硫酸盐	
		异硬脂酰胺丙基乙基二甲基铵乙基硫酸盐	
	三级胺（叔胺）	异硬脂酰胺丙基二甲基胺	这类阳离子表面活性剂成分要比季铵盐刺激性更低，常被使用在面向敏感性皮肤的护发素和柔顺剂中。具有优秀且稳定的柔顺及防静电效果
		椰油酰胺丙基二甲胺	
		硬脂酰胺丙基二甲胺	
		硬脂氧丙基二甲胺	
		山嵛酰胺丙基二甲胺	
	其他阳离子成分	季铵盐-〇（〇为数字）	这类成分仍以季铵盐为主结构，同时还具备更易渗入头发的特质，并且具备一定的杀菌能力
		C10-40 异烷酰胺丙基乙基二甲基铵乙基硫酸盐	
		PCA 椰油酰精氨酸乙酯盐	氨基酸类的阳离子表面活性剂，刺激性很低
		硬脂基二甲基铵羟丙基水解小麦蛋白	这类成分是将水解小麦蛋白、脱乙酰壳多糖、胶原、透明质酸等聚合物与阳离子表面活性剂相结合，同时维持其附着性而形成的保湿及头发修护成分。和一般成分相比，它们在头发上的附着性更强，还具有些许防静电功能，并可维持头发的柔软效果
		羟丙基三甲基氯化铵水解贝壳硬角蛋白	
		脱乙酰壳多糖羟丙基三甲基氯化铵	
		瓜尔胶羟丙基三甲基氯化铵	
		羟丙基三甲基氯化铵水解角蛋白	
		羟丙基三甲基氯化铵水解胶原	
		羟丙基三甲基氯化铵水解蚕丝	
		月桂基二甲基铵羟丙基水解小麦蛋白	
		鲸蜡胺乙基二乙胺琥珀酰水解豌豆蛋白	
		羟丙基三甲基氯化铵透明质酸	

续表

<table>
<tr><th>分类</th><th>种类</th><th>成分名称</th><th>说明</th></tr>
<tr><td rowspan="22">两性离子表面活性剂</td><td rowspan="3">烷基甜菜碱类</td><td>月桂基甜菜碱</td><td rowspan="3">这类成分属于用在清洁用品之中的两性离子表面活性剂。在两性类成分中属于略有些刺激性的类别</td></tr>
<tr><td>油基甜菜碱</td></tr>
<tr><td>椰油基甜菜碱</td></tr>
<tr><td rowspan="6">酰胺甜菜碱类</td><td>椰油酰胺丙基甜菜碱</td><td rowspan="12">这类成分属于用在低刺激性清洁用品之中的两性离子表面活性剂。因为这类成分刺激性非常低，所以常用于婴儿清洁产品和敏感性皮肤洗发产品中。此外，它也是一种可以用来缓和阴离子表面活性剂的刺激性的成分</td></tr>
<tr><td>月桂酰胺丙基甜菜碱</td></tr>
<tr><td>巴巴苏油酰胺丙基甜菜碱</td></tr>
<tr><td>棕榈仁油酰胺丙基甜菜碱</td></tr>
<tr><td>椰油酰胺丙基羟基磺基甜菜碱</td></tr>
<tr><td>月桂酰胺丙基羟磺基甜菜碱</td></tr>
<tr><td rowspan="6">咪唑啉类</td><td>椰油酰两性基乙酸钠</td></tr>
<tr><td>椰油酰两性基二乙酸二钠</td></tr>
<tr><td>椰油酰两性基丙酸钠</td></tr>
<tr><td>椰油酰两性基二丙酸二钠</td></tr>
<tr><td>月桂酰两性基乙酸钠</td></tr>
<tr><td>月桂酰两性基二乙酸二钠</td></tr>
<tr><td>磺基甜菜碱类</td><td>月桂基羟基磺基甜菜碱</td><td>这一类属于两性界面活性剂中清洁力最高，能为使用者带来极清爽感受的成分。最近使用率有所提高</td></tr>
<tr><td rowspan="5">卵磷脂类</td><td>卵磷脂</td><td rowspan="5">这一类属于源自天然的（大豆、卵黄）的低刺激性表面活性剂。和其他两性表面活性剂的区别在于这一类成分的清洁能力非常弱。卵磷脂和氢化卵磷脂可作为乳化剂添加在乳液中，羟基化卵磷脂、溶血卵磷脂则作为可溶化剂添加在化妆水中。在形成核糖体的过程中也会添加这类成分</td></tr>
<tr><td>氢化卵磷脂</td></tr>
<tr><td>羟基化卵磷脂</td></tr>
<tr><td>溶血卵磷脂</td></tr>
<tr><td>氢化溶血卵磷脂</td></tr>
<tr><td>其他</td><td>羟丙基精氨酸月桂基 / 肉豆蔻基醚盐酸盐</td><td>此类成分能够代替阳离子表面活性剂，用于非阳离子的护发素之中，属于一种两性离子类的柔顺成分</td></tr>
<tr><td rowspan="13">非离子型表面活性剂</td><td rowspan="5">烷基醚类</td><td>月桂醇聚醚-○</td><td rowspan="5">此类成分都属于聚氧乙烯烷基醚的化妆品标识名称，抗酸碱性强，主要用作乳化剂。○可显示为不同数字，表示其亲油、亲水的倾向，也意味着其用途及性质各有不同（数字越大，亲水性越高）</td></tr>
<tr><td>硬脂醇聚醚-○</td></tr>
<tr><td>C12-14 链烷醇聚醚-○</td></tr>
<tr><td>鲸蜡醇聚醚-○</td></tr>
<tr><td>辛基十二醇聚醚-○</td></tr>
<tr><td rowspan="5">PEG、PPG 酯类</td><td>PEG-○蓖麻油</td><td rowspan="8">此类成分主要作为乳化剂添加在乳霜、乳液中，或作为可溶化剂添加在化妆水中。是一种被广泛使用的非离子型表面活性剂。它们要比烷基醚类的刺激性更低。尤其是氢化蓖麻油类，还可作为医药品（注射液）加以使用。○可显示为不同数字，表示其亲油、亲水的倾向，也意味着其用途及性质各有不同（数字越大，亲水性越高）</td></tr>
<tr><td>PEG-○氢化蓖麻油</td></tr>
<tr><td>PEG-○氢化羊毛脂</td></tr>
<tr><td>PEG-○霍霍巴油酯
霍霍巴油 PEG-○酯类</td></tr>
<tr><td>PEG-○硬脂酯</td></tr>
<tr><td rowspan="3">酯 / 醚复合类</td><td>异硬脂酸月桂醇聚醚-○</td></tr>
<tr><td>硬脂酸月桂醇聚醚-○</td></tr>
<tr><td>PEG-○氢化蓖麻油异硬脂酸酯</td></tr>
</table>

续表

分类	种类	成分名称例	说明
非离子表面活性剂	山梨醇酯类	山梨坦异硬脂酸酯	此类成分主要作为乳化剂添加在乳霜、乳液中，或作为可溶化剂添加在化妆水中。是一种被广泛使用的非离子表面活性剂。山梨坦属于山梨糖醇衍生物，也是一种糖醇。〇可显示为不同数字，表示其亲油、亲水的倾向，也意味着其用途及性质各有不同（数字越大，亲水性越高）
		PEG-〇失水山梨醇异硬脂酸酯	
		PEG-〇失水山梨醇硬脂酸酯	
		山梨坦倍半油酸酯	
		PEG-20 失水山梨醇椰油酸酯	
		聚山梨醇酯-〇	
	甘油酯类	甘油硬脂酸酯	此类成分主要作为乳化剂添加在诸多乳霜、乳液中。SE 有自动乳化型的意思，它含有少量的皂基
		甘油硬脂酸酯（SE）	
		甘油橄榄油酸酯	
		聚甘油-〇油酸酯	在亲水基之中，用源自植物的甘油代替了源自石油的 PEG 成分，所以被广泛使用于纯天然型的美妆产品中。〇可显示为不同数字，表示其亲油、亲水的倾向，也意味着其用途及性质各有不同（数字越大，亲水性越高）
		聚甘油-〇月桂酸酯	
		聚甘油-〇二异硬脂酸酯	
	PEG 甘油酯类	PEG-〇甘油椰油酸酯	这类成分被广泛用于化妆水及乳霜之中。也常作为乳化剂，用在清洁类产品的清洗环节之中。〇可显示为不同数字，表示其亲油、亲水的倾向，也意味着其用途及性质各有不同（数字越大，亲水性越高）
		PEG-〇甘油异硬脂酸酯	
		PEG-〇甘油三异硬脂酸酯	
	烷基葡糖苷	癸基葡糖苷	和其他非离子类成分多用于免洗产品之中不同，此类成分大多用在洗发水的辅助清洁类产品中。刺激性较低，但脱脂力很强，所以需要较严格的配比量。此类成分也可用于餐具清洁类产品的辅助清洁类产品，以及一些有机洗发水中
		月桂基葡糖苷	
		椰油基葡糖苷	
		C〇-〇烷基葡糖苷	
		辛基 / 癸基葡糖苷	
		鲸蜡硬脂基葡糖苷	
	蔗糖脂肪酸酯类	蔗糖硬脂酸酯	此类成分主要作为乳化剂用于乳霜之中，属于一种低刺激性的非离子表面活性剂。也被作为食品添加剂使用。蔗糖属于糖的一种
		蔗糖聚油酸酯	
		蔗糖二月桂酸酯	
		蔗糖椰油酸酯	
特殊的表面活性剂	硅类	PEG/PPG-30/10 聚二甲基硅氧烷	此类成分属于能够帮助硅类乳化的非离子表面活性剂。它们同时也会被添加在包含硅类的乳霜或彩妆产品、防晒产品中。它们也能为产品添加比较特殊的使用感
		PEG-10 甲醚聚二甲基硅氧烷	
		PEG-25 聚二甲基硅氧烷	
	氟类	C6-16 全氟代烷基乙醇磷酸酯铵	此类成分属于帮助乳化氟类树脂成分的一种表面活性剂。它们还会出现在定妆类的彩妆产品中
		C8-18 全氟烷基乙醇磷酸酯 DEA 盐	
		三氟丙基聚二甲基硅氧烷 /PEG-10 交联聚合物	
	其他	二（月桂酰胺谷氨酰胺）赖氨酸钠	此类成分属于能够在极低浓度下发挥出乳化作用的一种表面活性剂。常作为乳化助剂，用在洗发剂或护发素之中

表面活性剂毒性、刺激性一览

种类	成分名	经口毒性值（LD_{50}：鼠类）	皮肤刺激性（浓度）	眼部刺激性（浓度）	补充
阴离子表面活性剂	硬脂酸钠	5g/kg	无刺激（100%）	重度	皂基。在皮肤接触实验中，此类成分能够和皮脂中和并分解，所以大多数据显示无刺激。因其为碱性，所以对眼部的刺激非常强
	月桂酸钠	无数据	中度	重度	
	油酸钠	25g/kg	无数据	无数据	
	月桂醇硫酸酯钠	0.8~1.1g/kg	重度（10%）	重度（30%）	最早的合成清洁成分。残留性和刺激性都比较强，所以如今已经很少使用此类成分了
	月桂醇硫酸酯铵	4.7mL/kg	重度（10%）	重度（30%）	
	月桂醇聚醚硫酸酯钠	1.6g/kg	极微（7.5%）	中度（7.5%）	这类成分属于月桂醇硫酸酯钠经过改良后制成的清洁成分。刺激性减弱，是当下清洁类产品的主要成分
	月桂醇聚醚硫酸酯铵	1.7g/kg	极微（7.5%）	中度（7.5%）	
	月桂基苯磺酸钠	0.438g/kg	中度	重度（1%）	这类成分属于和月桂醇硫酸酯钠同时期制造出来的合成清洁成分，也是烷基苯磺酸钠（ABS 清洁成分）的改良版本，刺激性较强
	月桂酰肌氨酸钠	4.2~5g/kg	极微（30%）	极微（3%）	最早的氨基酸系表面活性剂。此成分和其他氨基酸类成分相比具有一定的刺激性，但是在阴离子表面活性剂中仍属于刺激性较低的成分之一
阳离子表面活性剂	苯扎氯铵	0.24g/kg（经口服用）；0.014g/kg（静脉注射）	轻度（0.1%）；红斑（1%）；坏死（50%）	中度（1%） 重度（10%）	该成分属于表面活性剂中刺激性和毒性最强的一种。利用其极强的细胞毒性，可以将其用于杀菌剂类的产品中
	西曲氯铵	0.25g/kg	中度（2.5%）	重度（10%）	这两种成分都为季铵盐。它们属于护发素和柔顺剂的主要成分，如果添加浓度高，则刺激性强
	硬脂基三甲基氯化铵	0.53g/kg	无数据	重度（5%）	
两性表面活性剂	月桂基胺氧化物	1.08g/kg	极微（5%）	极微（5%）	两性离子表面活性剂从整体上来看毒性普遍很低，对皮肤的刺激性也非常低。常被用于敏感性皮肤专用的清洁类产品，以及婴儿清洁产品之中
	椰油酰胺丙基甜菜碱	4.9g/kg	中度（15%）	轻度（10%）	
	椰油酰两性基二乙酸二钠	16.6g/kg	无刺激（10%）	轻度（10%）	
	椰油酰两性基二丙酸二钠	16.3g/kg	无刺激（25%）	极微（25%）	
	椰油酰两性基乙酸钠	28mL/kg	轻度（16%）	极微（16%）	
	椰油酰两性基丙酸钠	20mL/kg	轻度（5%）	极微（16%）	
非离子型表面活性剂	甘油二月桂酸酯	5g/kg	无刺激（100%）	无刺激（100%）	非离子表面活性剂的浓度即便非常高，其中大部分仍旧几乎没有刺激性。所以常被用在涂抹类的化妆品之中，充当乳化剂。在洗发水、沐浴产品中，亦可充当清洁助剂，不过这类成分的起泡能力较弱，所以很少被用在主流的清洁类产品中
	甘油硬脂酸酯	5g/kg	无刺激（100%）	无刺激（100%）	
	甘油硬脂酸酯（SE）	5g/kg	无刺激（100%）	无刺激（100%）	
	椰油酰胺 DEA	无数据	无刺激（100%）	无数据	
	聚氧乙烯硬化蓖麻油	5g/kg	轻度（100%）	轻度（100%）	
	山梨坦硬脂酸酯	15g/kg	极微（50%）	无刺激（30%）	
	山梨坦月桂酸酯	33.6~41.25g/kg	极微（100%）	极微（100%）	
	PEG-(4,5,6,20)	31.7~59g/kg	无刺激（100%）	无刺激（100%）	
	月桂醇聚醚 (6,7,9)	1.6~5.6g/kg	轻度（100%）	轻度（100%）	
	聚氧乙烯月桂基醚	25g/kg	无数据	无刺激（1%）	
	聚山梨醇酯(20,40,60……)	30~54.5mL/kg	极微（100%）	无刺激（10%）	

参考：《油脂、脂质、表面活性剂数据指南书》日本油化学会编（丸善出版社）。

水基（水性基底成分）毒性、刺激性一览

成分名	经口毒性值（LD_{50}：鼠类）	皮肤刺激性（浓度）	眼部刺激性（浓度）	补充
甘油	27mL/kg	无刺激	无刺激	常用于低刺激性保湿剂
BG（1,3-丁二醇）	23g/kg	极小的刺激性	无刺激	常用于低刺激性保湿剂
PG（1,2-丙二醇）	21g/kg	极小的刺激性	轻度的刺激性	渗透性强，近年使用频率下降
DPG（双丙甘醇）	15g/kg	轻度的刺激性	有刺激性	多作为 PG 的替代品
1,3-丙二醇	无数据	无数据	无数据	属于 PG 的异性体，安全方面的相关数据不足
1,2-戊二醇	12.7g/kg	无数据	无数据	经口毒性之外的数据不足
乙醇	7g/kg	无刺激	有刺激性	高挥发性，高浓度，具备杀菌效果
己二醇	4.7g/kg	有刺激性	重度的刺激性	主要多用于防腐剂
1,2-己二醇	无数据	无数据	无数据	己二醇的异性体，相关数据不足

参考:《油脂、脂质、表面活性剂数据指南书》日本油化学会编（丸善出版社）。

因为日本目前的化妆品原料在原则上是不能经过动物实验的，所以类似 1,3-丙二醇等新成分就不会有具体的数据呈现。并且数据比较早，数据的准确度并不高，所以只能为大家提供一个大概的参考。

油基（油性基底成分）毒性、刺激性一览

种类	成分名	经口毒性值（LD_{50}：鼠类）	皮肤刺激性（浓度）	眼部刺激性（浓度）	补充
油脂	椰油	5g/kg	无刺激	极微	天然油脂类属于具备甘油三酯构造的一种油类，也是甘油和三个高级脂肪酸的化合物。因为属于皮脂的主要构成成分，所以这种油脂类具备一定的保湿作用，且大多刺激性较低。不过也有相关数据显示，属不饱和脂肪酸类的一些易分解成分也具有一定的刺激性
	蓖麻油	4mL/kg	轻度	轻度	
	玉米油	100mL/kg	无数据	无数据	
	草棉籽油	15g/kg	无刺激	无数据	
	油橄榄果油	1.32g/kg	轻度	无数据	
	红花籽油	5g/kg	轻度	轻度	
	大豆油	5.48g/kg	无数据	无刺激（20%）	
烃类油	异十二烷	2g/kg	极微	无刺激	此类油状物质仅由碳和氢构成。整体来看刺激性都极低。其中凡士林和矿物油也被用作皮肤的保护剂
	异十六烷	46.4mL/kg	无刺激	无刺激	
	角鲨烷	50mL/kg	无刺激	无刺激	
	石蜡（凡士林等）	5g/kg	无刺激	极微	
	微晶蜡	10g/kg	极微	极微	
	液体石蜡（矿物油）	22mL/kg	无刺激	有刺激	
酯类（蜡类）	肉豆蔻醇肉豆蔻酸酯	14.43g/kg	极微	极微	此类成分属于直链酯的油或蜡。霍霍巴籽油也属于这一类别。该类别中的大多数刺激性较低，不过有报告显示，羊毛脂中的不纯物质会导致过敏。一部分合成酯类同样也具有极轻度的刺激性
	肉豆蔻酸异丙酯	16mL/kg	极微	极微	
	棕榈酸异丙酯	100mL/kg	无刺激	无刺激	
	小烛树蜡	5g/kg	无刺激	无刺激	
	巴西棕榈树蜡	无数据	无刺激	无刺激	
	蜂蜡	5g/kg	无刺激	极微	
	硬脂酸异丙酯	8mL/kg	极微	无刺激	
	硬脂酸乙基己酯	8mL/kg	极微	轻度	
	油酸异癸酯	40mL/kg	极微	轻度	
	羊毛脂	64mL/kg	极微	极微	
高级醇类	鲸蜡醇	8.2g/kg	极微	极微	此类成分属于具有长链结构的醇类物质。醇类的构造具有一定的渗透性，所以大多会造成轻度的刺激
	肉豆蔻醇	8.0g/kg	无数据	无数据	
	异硬脂醇	20g/kg	无数据	无数据	
	硬脂醇	8.0g/kg	轻度	轻度	
	油醇	无数据	极微	轻度	
高级脂肪酸	月桂酸	12g/kg	轻度	有刺激	此类成分属于具有长链结构的脂肪酸类物质。它属于分解油脂后的所得物，能够维持皮肤的弱酸性。肉豆蔻酸可能会对皮肤产生一定的刺激，它也常作为皂基的主成分使用
	肉豆蔻酸	10g/kg	无刺激	极微	
	棕榈酸	10g/kg	无刺激	无刺激	
	硬脂酸	5g/kg	极微	无刺激	
	油酸	21mL/kg	极微	极微	

参考:《油脂、脂质、表面活性剂数据指南书》日本油化学会编（丸善出版社）。

对谈　西一总 × 白野实

完成本书约花费了两年时间，请问两位有何感想？

西一总：用一句话总结，就是“太不容易了”。关于美容这个话题，其实每个人都有自己的想法。我和白野实之间达成一致的情况虽然能有七成左右，但是剩下三成，我们各自都有不同的见解。为了磨合分歧，还是花费了不少工夫的。

白野实：在对他表达不同意见时，我也有过态度很严苛的情况，比如直接质问对方“你这样讲有证据吗”。

二位出现过互相都不肯让步的情况吗？

白野实：我们的本意当然不是想要互相争执。一总先生肤质较脆弱，当他在书中讲到个人体验的时候，我不希望他的话引起读者们误会，所以才会提出不同见解。因为对方是很有影响力的人，在下结论的时候，一定要有科学依据才行。在这方面我是不肯让步的。

西一总：“这个成分不太合适”“比较危险”等比较消极的信息，一般会受到大家信任和欢迎。我刚开始写博客的时候，也曾经倾向于选择比较容易煽动读者情绪的写法。但从业多年后，我开始反思，这样的表达方式其实有些不妥。化妆品不应靠“这也不行、那也不行”的排除法去选择。我认为，认真了解每一种成分都具备什么样的效果，这才是更重要的事。

在书中，需注意成分的旁边还会详细解释为何需要注意、这类成分不好的理由，是这样吗？

西一总：是的。为了能体现这一点，我自己也必须头开始再仔细地学习一下这些知识。迄今为止，我一直仅依靠自己掌握的知识写文章。但是这次不同，我邀请了专家白野实，其实就是为了实现这一点——要让大家明白，化妆品的所有成分都是优点和缺点并存的。而我本人其实仅能代表敏感性皮肤人群发表意见。因此，大家会发现在书中的“推荐成分”和“需注意成分”这部分，我们二人的意见有时候是有些分歧的。

白野实：其实这也是非常正常的情况。在是否适合自己的肌肤，是否有效这些方面，每个人的感受都有极大的不同。例如，维生素C衍生物这种成分对痤疮是否有效就是因人而异的。我们不应该看到一款产品里包含某种成分，就直接决

化妆品不应用排除法去选择，大家应该先认真了解成分然后再做选择。

首先尝试使用，再仔细观察自己肌肤的反应，这一点非常重要。

定不使用，而是应该看到一款产品中包含某种成分后，先去尝试看看。这次，由我们这两个意见和立场都不尽相同的人来合著同一本书，我想应该是史无前例的吧。从这一角度来看，我相信这本书也会给大家带去不少帮助的。我有信心，这本书基本是完全站在消费者的角度，以中立的态度来进行解说的。所以我希望每家都能常备这本，不，每人都能常备一本呢。

最后，请二位和读者们说句话吧！

西一总：使用化妆品时，我倾向于先认真去了解它的内在。市面上出售的化妆品自然是能够保证一定安全性的，不过我们自己去掌握一款产品的成分自然更好。不要全盘接受社交网站上的一些推荐，大家应该养成主动思考的习惯。我想，这本书就是帮助大家自主思考的最强武器！

白野实：那我专门补充一个完全相反的角度吧。我认为不要只看成分去选择一款化妆品，而是应该活用试用装，先尝试一下看看效果。是否合适，还要认真观察“自己肌肤的反应”后再决定，看看这款产品是否真的适合自己的皮肤。确认成分的工作放在这之后再去做，其实就可以。如果试用后发现这款产品不适合自己的皮肤，那可以看一下是成分中的哪一种不合适，然后再试着换成其他的某个类别……我希望大家能够按照这样的方式去灵活选择合适的产品。

听过二位老师的话后，感觉挑选化妆品的眼光也有了新变化！感谢二位！

索引

K

L

M

N

O

P

Q

T

W

X

Y

Z

深度护肤

著　　者：[日] 高濑聪子 / [日] 细川桃
译　　者：张春艳
书　　号：978-7-5576-9005-2
出版时间：2021 年 9 月
定　　价：72.00 元

本书由专业皮肤科医师和预防医学咨询师所著，提供基础、实践、应用三大课程，从饮食、生活习惯、护肤方法、护肤品购买、医美选择等方面多管齐下，教你由内到外打造健康肌肤。

基础课程部分，配合原创插图，深入浅出地讲解皮肤的构成和作用、皮肤所需的营养等基础知识；实践课程部分，手把手教你辨别自己的肤质，传授正确的护肤手法，搭配饮食调节，正面“迎击”干燥、暗沉、毛孔粗大、粉刺、痘痘、老化、松弛、皱纹等肌肤问题；最后的应用课程部分，进一步探讨激素对皮肤的影响、护肤品的辨别和选购、各类医美机构的适应人群等。

本书从基础知识开始，教你全面改善皮肤状态，实现真正的“深度护肤”，与所有肌肤问题说再见！

极简穿搭：日常服装穿出别样风采

著　　者：［日］山本昭子
译　　者：林晓敏
书　　号：978-7-2100-9955-0
出版时间：2018 年 3 月
定　　价：45.00 元

你的衣橱里有多少件“普通”的衣服？想让自己的穿着更时尚、更有品位，关键在于“每个人都有的衣服”。以基本款为主进行搭配，才会让人赞叹：“这么平凡的衣服，竟然可以穿得如此时尚、有品位！”

基本款虽然重要，但搭配更加关键。超难预约的知名造型师多年经验大公开，教你运用简单的搭配法则，以基本款穿出好品味！无论是现代、知性、干练、女人味，或是模特的假日休闲风，统统难不倒你！